Die

Theorie, Berechnung und Konstruktion

der

Dampfturbinen

von

Gabriel Zahikjanz

Mit 23 Textfiguren.

BERLIN.
Verlag von M. Krayn.
1906.

Published April 10th 1906.

VORWORT

Die günstige Aufnahme einer Reihe von Artikeln, welche ich unter dem Titel

„Theorie der Dampfturbinen"

im ersten Jahrgang 1904/05 der Zeitschrift **„Die Turbine"** veröffentlichte, veranlasste mich, dieselben durch Hinzufügung praktisch wichtiger Kapitel zu ergänzen und in Buchform herauszugeben.

Die ersten Anfänge meiner Turbinen-Theorie entwickelte ich vor ca. 21 Jahren in einer Abhandlung **„Kinetische Analyse der Aktionsturbinen mit freiem Strahl"**, welche ich damals als **Grashofs** Schüler auf der Karlsruher Technischen Hochschule verfasste und auf dessen beifälliges Anraten veröffentlichte.(*)

Ich bin im vorliegenden Werke von den üblichen Theorien und Berechnungsweisen abgewichen und habe daher zum Teil neue Wege einschlagend, auch stellenweise neue Begriffsbezeichnungen, Formeln und Methoden einzuführen für nötig befunden, um die Theorie und Berechnung der Dampfturbinen für Konstruktionszwecke möglichst einheitlich und einfach systematisch zusammenzufassen.

Möge mein Werk sich als Lehrbuch für Studierende, sowie als Hilfsbuch für Konstrukteure und Ingenieure auf dem grossen zukunftsreichen Spezialgebiete der Dampfturbinen nützlich erweisen und den freundlichen Beifall wissenschaftlicher Autoritäten finden.

BERLIN, April 1906.

Gabriel Zahikjanz.

---

*) „Civilingenieur" XXXI. Bd., 6. Heft, 1885.

Inhaltsverzeichnis

I. Druckwirkung.

In einer Turbine entwickelt das Betriebsmedium seine motorische Kraft beim Durchströmen der Schaufeln eines Laufrades in vorgeschriebenen Kurvenbahnen; und es soll nun im Folgenden zunächst der Druck einer längs einer Kurvenbahn hinströmenden Masse bestimmt werden, und zwar unter der vorläufigen Annahme, dass die Bahn feststeht.

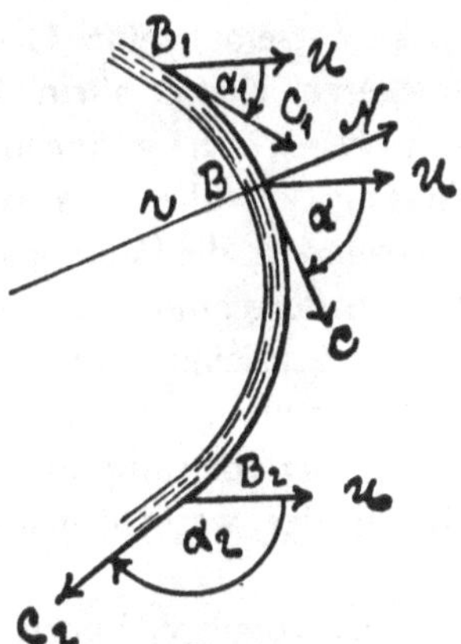

Fig. 1.

Es sei B_1BB_2 (Fig. 1) die gekrümmte Bahn, und es fliesse längs derselben ein Strom von Wasser, Dampf oder Gas. Der Strom trete mit einer Geschwindigkeit C_1 im Punkte B_1 tangential ein und verlasse die Bahn im Punkte B_2 mit der Geschwindigkeit C_2; die Stromgeschwindigkeit in irgend einem Punkte B der Bahn sei C.

Es ist der Gesamtdruck zu bestimmen, den die pro Sekunde strömende Masse M auf die Kurvenbahn in der Richtung z. B. von- u ausübt.

Bezeichnet man das Gewicht der pro Sekunde durchfliessenden Masse mit G und die Beschleunigung der Schwerkraft mit g, so hat man die Beziehung

$$M = \frac{G}{g}.$$

Es sei α der Winkel, den die Stromgeschwindigkeit C im Punkte B der Bahn mit der Richtung von u einschliesst, positiv im Sinne der Uhrzeigerbewegung, von u aus gerechnet; es seien insbesondere: α_1 der Eintrittswinkel, den die Eintrittsgeschwindigkeit C_1 mit der Richtung von u einschliesst, und α_2 der Austrittswinkel der Austrittsgeschwindigkeit C_2, wieder von u aus gerechnet.

Zur Vereinfachung unserer Betrachtungen sei vorläufig angenommen, dass der Strom in einem freien Strahl die Bahn entlang fliesst, so dass derselbe seine Geschwindigkeit unter dem Einfluss der äusseren Kräfte allein ändert; von diesen kann die Sehwerkraft wegen der geringen Abmessungen der Bahn in ihrer Wirkung auf die Geschwindigkeitsänderung gänzlich vernachlässigt werden; die Reibungswiderstände müssen zwar bei der praktischen Berechnung als Ursachen von Nebenverlusten an Energie berücksichtigt werden, sind jedoch für die Kraftäusserung und Arbeitsentwickelung von unwesentlicher Bedeutung und können daher vorläufig unberücksichtigt bleiben, zur besseren Verfolgung der wesentlichen Vorgänge, auf die es hier ankommt.

Nach den gemachten Voraussetzungen verbleibt der prinzipielle Faktor „die Zwangswirkung" der vorgeschriebenen Bahn, welche infolge ihrer Krümmung den Strahl an der geradlinigen Bewegung verhindert.

Ist r der Krümmungsradius der Bahn im Punkte B, so übt das von der geradlinigen Bewegung abgelenkte Massenteilchen dm im Punkte B pro Masseneinheit die Zentrifugalkraft

$$N = \frac{C^2}{r}$$

senkrecht auf die Bahn aus, also normal zu C nach aussen hin gerichtet.

Der Neigungswinkel von N gegen u ergibt sich, indem

man den Neigungswinkel α von C um 270^0 im Sinne der Uhrzeigerbewegung vergrössert; somit

$$\sphericalangle (Nu) = \alpha + 270^0.$$

Der vom Massenteilchen dm auf die Bahn normal zu derselben im Punkte B ausgeübte Elementardruck beträgt

$$Ndm = \frac{C^2}{r} dm.$$

Bezeichnet man die Komponente dieses Elementardruckes in der gegebenen Richtung von u mit dZ, so ist

$$dZ = N \cos (Nu) dm = \frac{C^2}{r} \cos (\alpha + 270^0) = \frac{C^2}{r} \sin \alpha dm.$$

Zur Vollständigkeit der Analyse wollen wir auch die andere Elementardruckkomponente senkrecht zu u berücksichtigen; dieselbe sei dK; man erhält

$$dK = N \sin (Nu) dm = \frac{C^2}{r} \sin (\alpha + 270^0) = - \frac{C^2}{r} \cos \alpha dm,$$

positiv von u aus um 90^0 im Sinne des Uhrzeigers geneigt. Für das Massenteilchen hat man

$$dm = \mu q ds,$$

wo μ die Masse pro Volumeneinheit, q der Stromquerschnitt und ds das Bahnelement im Punkte B.

Daher $$dZ = \mu q \frac{C^2}{r} \sin \alpha ds$$

und $$dK = - \mu q \frac{C^2}{r} \cos \alpha ds.$$

Es ist $$ds = r d\alpha,$$

daher beträgt der Elementardruck in der Richtung von u:

$$dZ = \mu q C^2 \sin \alpha d\alpha$$

und senkrecht zu u:

$$dK = - \mu q C^2 \cos \alpha d\alpha.$$

Man erhält daher den Gesamtdruck des Strahles von B_1 bis zu B_2 in der Richtung von u und senkrecht dazu, indem man dZ bezw. dK längs der Kurvenbahn integriert.

Hierzu ist zu bemerken, dass, gemäss der gemachten Abstraktion von der Wirkung der Schwerkraft sowie äusserer und innerer Nebenkräfte, die Stromgeschwindigkeit C konstant ist, also $$C_1 = C = C_2;$$

infolgedessen sind auch der Strahlquerschnitt q und die Strahldichte μ konstant.

Daher

$$Z = \mu q C^2 \int_{\alpha_1}^{\alpha_2} \sin \alpha d\alpha = \mu q C^2 (\cos \alpha_1 - \cos \alpha_2).$$

$$K = -\mu q C^2 \int_{\alpha_1}^{\alpha_2} \cos \alpha d\alpha = \mu q C^2 (\sin \alpha_1 - \sin \alpha_2).$$

Es beträgt somit der Strahldruck in der Richtung von u:

$$Z = \mu q C^2 (\cos \alpha_1 - \cos \alpha_2);$$

und normal zu der Richtung von u:

$$K = \mu q C^2 (\sin \alpha_1 - \sin \alpha_2).$$

In diesen beiden Gleichungen bedeutet der Ausdruck $\mu q C$ die pro Sekunde durchfliessende Masse oder kurz die Stromstärke, also

$$\mu q C = M;$$

daher erhält man nach Einführung von M in die gefundenen Gleichungen

$$Z = MC (\cos \alpha_1 - \cos \alpha_2) = M (C \cos \alpha_1 - C \cos \alpha_2). \quad (1)$$

$$K = MC (\sin \alpha_1 - \sin \alpha_2) = M (C \sin \alpha_1 - C \sin \alpha_2). \quad (2)$$

Nimmt man Meter, Kilogramm und Sekunde als Grundmasseinheiten, so sind in diesen Gleichungen:

Z der Strahldruck von B_1 bis B_2 in der Richtung von u in kg;

K der Stahldruck in kg von B_1 bis B_2 senkrecht zu u, positiv im Sinne des Uhrzeigers um 90^0 gedreht;

$M = \frac{G}{g}$ die pro Sek. durchfliessende Masse oder Stromstärke = dem pro Sek. durchfliessenden Gewicht in kg, dividiert durch die Beschleunigung der Schwere $g = 9{,}81$;

C die Stromgeschwindigkeit in Metern pro Sek. = der Eintrittsgeschwindigkeit C_1;

α_1 der Eintrittswinkel des Stromes und

α_2 der Austrittswinkel des Stromes, beide Winkel von u aus im Sinne der Uhrzeigerbewegung gerechnet.

Die beiden Gleichungen drücken dasselbe Grundgesetz aus, nämlich:

Der Druck des Stromes in einer Richtung ist gleich dem Produkt aus der Stromstärke oder der pro Sekunde durchfliessenden Masse und der Differenz der Stromgeschwindigkeitskomponenten in der betreffenden Richtung.

Das Gesetz gilt allgemein, ob die Masse als ein freier Strahl eine Kurvenbahn entlang oder durch eine gekrümmte Rohrleitung fliesst, denn bei gleichem Rohrquerschnitt q sind auch C und μ, wie oben, konstant, und es ergeben sich somit auch die beiden obigen Gleichungen.

Nimmt man daher irgend eine Rohrleitung von gleicher Weite, so ist der Druck des Stromes in einer gegebenen

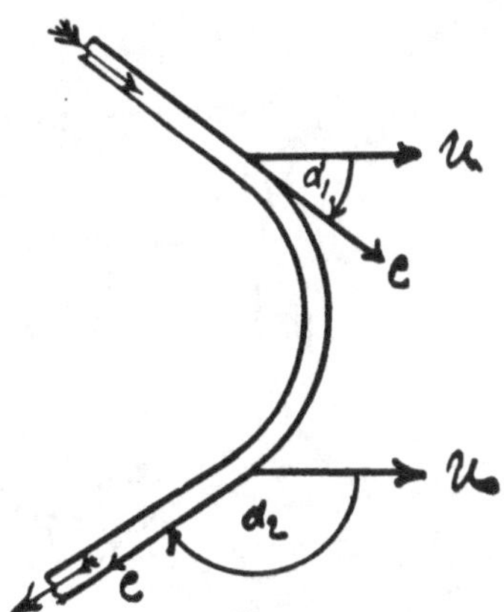

Fig. 2.

Richtung u beim Durchgang durch eine Krümmung ausgedrückt durch dieselbe Druckformel (Fig. 2):

$$Z = MC\,(\cos \alpha_1 - \cos \alpha_2) = M\,(C \cos \alpha_1 - C \cos \alpha_2),$$

wo α_1 und α_2 die Neigungswinkel der Stromgeschwindigkeit an den Endpunkten der betreffenden Krümmung gegen die gegebene Richtung u darstellen, M die pro Sek. durchfliessende Strommasse und C die Stromgeschwindigkeit.

Dies ist ein allgemeines Naturgesetz, gültig für Ströme aller Art, und lässt sich aus den Prinzipien der Naturmechanik durch einfache geometrische Konstruktion direkt ableiten.

In Fig. 3 repräsentiere $B_1\,B\,B_2$ die Krümmung einer Stromleitung; die Stromgeschwindigkeit im Punkte B_1 sei der Grösse und Richtung nach durch $[C_1]$ angedeutet und im Punkte B_2 durch $[C_2]$; es sei der Druck $[\Delta]$ der Grösse und

Richtung nach zu bestimmen, welchen der Strom M auf die Leitung von B_1 bis zu B_2 ausübt.

Die Wirkung der Krümmung $B_1\,B\,B_2$ auf den Strom besteht darin, dass die Stromgeschwindigkeit $[C_1]$ in $[C_2]$ übergeht; da aber die Leitung selbst keine aktive Kräfte hat, so kann der Vorgang nur dadurch zustande kommen, dass der Strom von Punkt zu Punkt an die Leitung stösst und zurückprallt.

Die Resultante der Stösse gibt den Stromdruck $[\Delta]$ auf die Leitung an und die Resultante der Gegenstösse den Gegen-

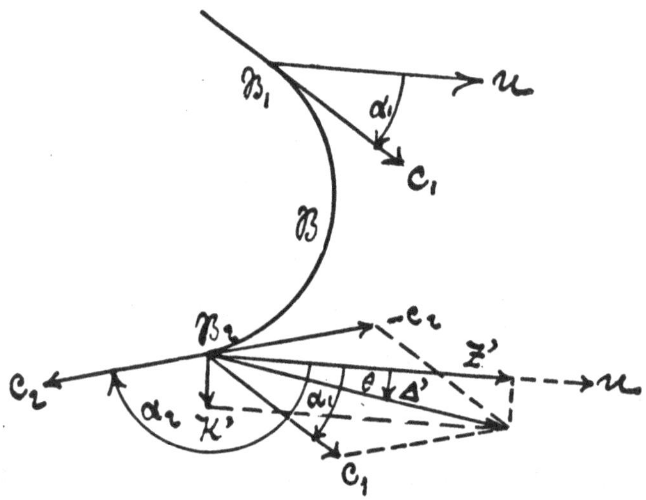

Fig. 3.

druck $[-\Delta]$, der die pro Sek. durchfliessende Masse M aus der Geschwindigkeit $[C_1]$ in $[C_2]$ überführt.

Es besteht daher die kinetische Beziehung:

$$M\,[C_1] + [-\Delta] = M\,[C_2],$$

die Addition nach der Parallelogrammregel verstanden.

Somit
$$[\Delta] = M\,[C_1] + M\,[-C_2];$$

setzt man
$$\frac{\Delta}{M} = \Delta',$$

so ist:
$$[\Delta'] = [C_1] + [-C_2].$$

Das heisst: Man erhält dem Stromdruck Δ' pro Masseneinheit auf die Krümmung von B_1 bis B_2 nach Grösse und Richtung, indem man die Eintrittsgeschwindigkeit C_1 mit der entgegengesetzten Austrittsgeschwindigkeit C_2 nach der Parallelodrammregel addiert.

Bezeichnet man den Neigungswinkel von $[\varDelta']$ gegen u mit Θ positiv im Uhrzeigerdrehsinn, so erhält man (Fig. 3):

$$\varDelta' \cos\Theta = Z' = C_1 \cos\alpha_1 - C_2 \cos\alpha_2$$
$$\varDelta' \sin\Theta = K' = C_1 \sin\alpha_1 - C_2 \sin\alpha_2.$$

Indem man diese beiden Gleichungen mit M multipliziert und $C_1 = C_2 = C$ setzt, so erhält man:

$$\varDelta \cos\Theta = Z = MC\,(\cos\alpha_1 - \cos\alpha_2)$$
$$\varDelta \sin\Theta = K = MC\,(\sin\alpha_1 - \sin\alpha_2).$$

also die Formeln (1) und (2), zu denen wir nun zurückkehren. Dieselben vereinfachen sich bedeutend, wenn der Ergänzungswinkel von α_2 gleich α_1, also

$$180^0 - \alpha_2 = \alpha_1;$$

dann ist

$$\cos\alpha_2 = \cos(180^0 - \alpha_1) = -\cos\alpha_1$$
$$\sin\alpha_2 = \sin(180^0 - \alpha_1) = \sin\alpha_1;$$

daher
$$Z = 2\,MC\cos\alpha_1, \qquad (3)$$
$$K = O.$$

Es bleibt dann folglich nur der Stahldruck Z in der Richtung von u wirksam, welcher dem Betriebsdruck der Turbinen entspricht; der Stahldruck K dagegen, welcher dem Axialdruck der Turbinen entspricht, fällt fort.

Zahlenbeispiel: Es fliessen pro Stunde 30 kg Dampf mit einer Geschwindigkeit von 850 m pro Sek. zu; es sei $\alpha_1 = 180^0 - \alpha_2 = 20^0$.

Man hat: $M = \frac{G}{g} = \frac{30}{60 \cdot 60 \cdot 9{,}81} = 0{,}00085;$

daher nach (3)

$$Z = 2\,MC\cos\alpha_1 = 2 \cdot 0{,}00085 \cdot 850 \cdot 0{,}94 = 1{,}36 = \sim 1{,}4 \text{ kg}.$$

Es erfährt folglich die gekrümmte Zwangbahn den Druck von 1,4 kg in der Richtung von u und muss mit einer gleichen Gegenkraft gehalten werden, um fest zu stehen.

II. Arbeitsleistung.

Die Schaufeln des Laufrades einer Turbine sind systematisch nach der Drehrichtung hin gekrümmte Zwangbahnen; die durchströmende Masse übt daher auf dieselben in der Drehrichtung des Laufrades einen gewissen Druck aus, welcher sich durch die gefundene Druckformel ermitteln lässt. Infolgedessen beginnt das Laufrad sich zu drehen, wobei die Umdrehungszahl pro Minute nach und nach bis zu einer gewissen Grenze

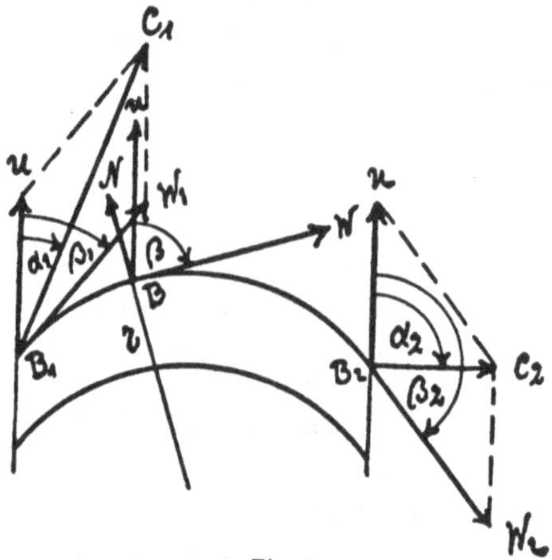

Fig. 4.

wächst. Es soll nun die von der Betriebsmasse pro Sekunde geleistete Arbeit bestimmt werden.

Zur Begriffsfeststellung sei eine Axialturbine in Betracht gezogen, in welcher die Laufschaufeln auf dem Umfange eines trommelartigen Laufrades angeordnet sind, und es repräsentiere Fig. 4 einen Teil des Trommelumfanges mit den Kurvenbahnen.

Das Laufrad drehe sich mit einer Umfangsgeschwindigkeit u; das Betriebsmittel fliesse mit einer Geschwindigkeit C_1 zu, unter einem Winkel α_1, von u aus im Sinne der Uhrzeigerbewegung positiv gerechnet.

Infolge der Laufraddrehung weicht die Kurvenbahn mit der Geschwindigkeit u aus; deshalb zerlegen wir die Zuflussgeschwindigkeit C_1 in eine Komponente gleich u, während die andere Komponente w_1 sich nach dem Parallelogrammgesetz ergibt; bezeichnet man den Neigungswinkel von w_1 gegen u mit β_1, so erhält man die Grundbeziehungen

$$w_1 \cos \beta_1 = C_1 \cos \alpha_1 - u \tag{4}$$

$$w_1 \sin \beta_1 = C_1 \sin \alpha_1; \tag{5}$$

daher

$$\tan \beta_1 = \frac{C_1 \sin \alpha_1}{C_1 \cos \alpha_1 - u} \tag{6}$$

und

$$w_1^2 = C_1^2 + u^2 - 2\, C_1 u \cos \alpha_1; \tag{7}$$

somit ist die Komponente w_1 von C_1 nach Richtung und Grösse auch bestimmt.

Da der Eintrittspunkt B_1 der Schaufel mit der Geschwindigkeit u ausweicht, so macht das im Punkte B_1 mit der Geschwindigkeit C_1 angelangte Massenteilchen infolge seiner Geschwindigkeitskomponente u die Schaufelbewegung mit und bewegt sich infolge der anderen Komponente w_1 in Bezug auf die Schaufel; man nennt deshalb die Komponente w_1 die relative Geschwindigkeit des eintretenden Strahles, während C_1 seine absolute Geschwindigkeit genannt wird. Damit der eintretende Strahl sich gleich tangential an die Schaufel anschmiegt und nicht, sich dagegen stossend, wirbelt, muss die Schaufelkurve im Punkte B_1 denselben Neigungswinkel wie w_1 erhalten, also β_1, bestimmt durch Gl. (6)

$$\tan \beta_1 = \frac{C_1 \sin \alpha_1}{C_1 \cos \alpha_1 - u}. \tag{6}$$

Ist die Bedingung des stossfreien Eintritts nach dieser Gleichung erfüllt, so macht der Strahl vermöge seiner Komponente u dieselbe Bewegung wie die Schaufel und fliesst infolge der anderen Komponente w_1 längs derselben und übt darauf infolge der Bahnkrümmung einen Druck nach der Richtung von u aus, welcher sich durch die aufgestellte Druckformel bestimmen lässt.

Es sei w die relative Geschwindigkeit des Strahles im Punkte B der Kurvenbahn unter einem Winkel β gegen u und w_2 die relative Austrittsgeschwindigkeit in B_2 mit dem Winkel β_2 gegen u.

Unter Vernachlässigung der hier ganz unwesentlichen Wirkung der Schwerkraft auf die Geschwindigkeitsänderung sowie mit der vorläufigen Annahme, dass der Strahl keine Reibungs- und andere Nebenverluste erleidet, hat man:

$$w_1 = w = w_2.$$

Nach der Druckformel (1) beträgt daher der Strahldruck in der Richtung von u

$$Z = Mw\,(\cos\beta_1 - \cos\beta_2), \qquad (8)$$

wo M die mit der Geschwindigkeit w längs der Schaufel pro Sekunde strömende Masse ist, welche unter dem Winkel β_1 gegen u auf die Schaufel gelangt und unter dem Winkel β_2 gegen u die Schaufel verlässt.

Das Produkt aus diesem Umfangsdruck Z und der Umfangsgeschwindigkeit u des Laufrades ergibt die Arbeitsleistung pro Sekunde.

$$E = Zu = Mwu\,(\cos\beta_1 - \cos\beta_2). \qquad (9)$$

Die Arbeitsformel (9) lässt sich auch leicht direkt analytisch ableiten, wobei sich die Arbeitsentwickelung längs der Zwangbahn klar verfolgen lässt.

Ein Massenteilchen übt im Punkte B der Schaufelbahn normal zu derselben pro Masseneinheit die Kraft

$$N = \frac{w^2}{r}$$

aus, wo r der Krümmungsradius der Bahn im Punkte B.

Die vom Massenteilchen pro Masseneinheit im Punkte B geleistete Elementararbeit ist daher

$$dA = N\cos(Nu)udt = \frac{w^2u}{r}\sin\beta dt = wu\sin\beta\,\frac{wdt}{r}.$$

Es ist

$$wdt = ds = rd\beta,$$

worin ds das Bahnelement im Punkte B bedeutet; somit

$$dA = wu\sin\beta d\beta.$$

Man erhält daher die Arbeitsleistung pro Masseneinheit längs der Schaufelbahn, indem man diese Elementararbeit von B_1 nach B_2 integriert; es ergibt sich:

$$A = wu\int_{\beta_1}^{\beta_2}\sin\beta d\beta = wu\,(\cos\beta_1 - \cos\beta_2).$$

Da die pro Sekunde durchfliessende Masse $= M$ ist, so beträgt die Arbeitsleistung derselben pro Sekunde

$$E = MA = Mwu\,(\cos\beta_1 - \cos\beta_2),$$

wie früher abgeleitet (Gl. 9).

Für die absolute Eintrittsgeschwindigkeit C_1 haben wir nach (4) und (5) die Grundbeziehungen:

$$C_1 \cos \alpha_1 = w_1 \cos \beta_1 + u$$
$$C_1 \sin \alpha_1 = w_2 \sin \beta_1;$$

daher
$$\tan \alpha_1 = \frac{w_1 \sin \beta_1}{w_1 \cos \beta_1 + u}$$

und
$$C_1^2 = w_1^2 + u^2 + 2\, w_1 u \cos \beta_1.$$

Es sei C_2 die absolute Austrittsgeschwindigkeit im Punkte B_2 und α_2 ihr Neigungswinkel, positiv im Uhrzeigersinn von u aus gerechnet. Zur Bestimmung von C_2 und α_2 ist Folgendes zu beachten. Beim Verlassen der Schaufel im Punkte B_2 besitzt ein Massenteilchen die Geschwindigkeitskomponenten: die Umlaufsgeschwindigkeit u, mit welcher es der Schaufel nachfolgte und die relative Geschwindigkeit $w_2 = w = w_1$, mit welcher es die Schaufel entlang floss; es ergibt sich daher die absolute Austrittsgeschwindigkeit C_2 des Massenteilchens nach Grösse und Richtung, indem man seine beiden Geschwindigkeitskomponenten u und w_2 nach dem Parallelogrammgesetz zusammenaddiert. Man erhält daher die Grundbeziehungen:

$$C_2 \cos \alpha_2 = w_2 \cos \beta_2 + u$$
$$C_2 \sin \alpha_2 = w_2 \sin \beta_2;$$

hieraus:
$$\tan \alpha_2 = \frac{w_2 \sin \beta_2}{w_2 \cos \beta_2 + u}$$

und
$$C_2^2 = w_2^2 + u^2 + 2\, w_2 u \cos \beta_2.$$

Bezeichnet man die pro Sekunde zufliessende kinetische Energie mit E_1 und die pro Sekunde abfliessende kinetische Energie mit E_2, so hat man:

$$E_1 = M \frac{C_1^2}{2} \text{ und } E_2 = M \frac{C_2^2}{2}.$$

Der Verbrauch an kinetischer Energie ist daher pro Sekunde

$$E_1 - E_2 = M \left(\frac{C_1^2}{2} - \frac{C_2^2}{2} \right).$$

Nach Einsetzung der Werte von $\frac{C_1^2}{2}$ und $\frac{C_2^2}{2}$ aus den obigen Gleichungen und mit der Annahme

$$w_1 = w = w_2,$$

erhält man: $$E_1 - E_2 = M w u (\cos \beta_1 - \cos \beta_2).$$

Folglich nach (9) $$E_1 - E_2 = E.$$

Das heisst: Der Verbrauch an kinetischer Energie wird als Arbeitsleistung gewonnen.

Die Arbeitsformel wird gewöhnlich aus den beiden Gleichungen für C_1^2 und C_2^2 nach dem Gesetz der Erhaltung der Energie abgeleitet, indem es von vornherein angenommen wird, dass der Verbrauch an Energie als Arbeitsleistung gewonnen wird. Dies ist zwar hier tatsächlich der Fall, indessen ist die Behandlungsweise nicht streng analytisch, denn die verschwundene Energie braucht nicht ganz als Arbeitsleistung aufgenommen zu sein; andererseits gewährt sie keinen Einblick in das Wesen der Arbeitsentwickelung; dagegen erweist sie sich von Wichtigkeit zur summarischen Verifikation der Ergebnisse der analytischen Methode.

Wir haben somit:

Druck auf die Schaufel in der Richtung von u:

$$Z = Mw\,(\cos\beta_1 - \cos\beta_2;$$

analog ergibt sich der Druck auf die Schaufel senkrecht zu u:

$$K = Mw\,(\sin\beta_1 - \sin\beta_2);$$

Arbeitsleistung pro Sekunde:

$$E = Mwu\,(\cos\beta_1 - \cos\beta_2).$$

Wählt man den Winkel β_2 so, dass sein Ergänzungswinkel

$$180^0 - \beta_2 = \beta_1,$$

so erhält man durch Einsetzuug des Wertes von β_2

$$Z = 2\,Mw\cos\beta_1;\quad K = 0;\quad E = 2\,Mwu\cos\beta_1.$$

Es ist nach (4) $\quad w\cos\beta_1 = C_1\cos\alpha_1 - u.$

Daher:

$$Z = 2\,M\,(C_1\cos\alpha_1 - u \tag{10}$$

$$E = 2\,Mu\,(C_1\cos\alpha_1 - u. \tag{11}$$

Hierzu nach (6)

$$\tan\beta_1 = \frac{C_1\sin\alpha_1}{C_1\cos\alpha_1 - u.} \tag{6}$$

In diesen Gleichungen bedeutet u die Umfangsgeschwindigkeit und zwar entsprechend der normalen Umdrehungszahl des Laufrades; ist der Eintrittswinkel der Schaufelkurve nach Gl. (6) $= \beta_1$, so tritt der Strahl bei der normalen Umfangsgeschwindigkeit stossfrei ein; dagegen wenn die Turbine feststeht, also $u = 0$, und angelassen wird, stösst sich der einströmende Strahl gegen den Schaufeleintritt, bis die normale Umfangsgeschwindigkeit erreicht wird, so dass der Stoss, der übrigens unbedeutend ist, dann gänzlich verschwindet. Derselbe lässt sich übrigens leicht ausdrücken und verfolgen.

Aus der Druckformel (10) ersieht man die Druckabnahme mit der Zunahme der Umfangsgeschwindigkeit. Ist $u = 0$, so hat man den Maximaldruck

$$Z = 2\,M C_1 \cos \alpha_1.$$

Wächst die Umfangsgeschwindigkeit allmählich bis zu dem Wert

$$u = C_1 \cos \alpha_1,$$

so verringert sich der Schaufeldruck allmählich bis auf 0, da der eintretende Strahl die Schaufel nicht mehr erreichen kann.

Aus der Arbeitsformel (11) kann man die Änderungen der Arbeitsleistung ersehen:

Ist $u = 0$, so ist die Arbeitsleistung $= 0$. Mit dem Anwachsen der Umfangsgeschwindigkeit u wächst auch die Arbeitsleistung und sinkt wieder auf 0, wenn, weiter wachsend, $u = C_1 \cos \alpha_1$ wird. Zwischen den beiden Grenzen erreicht die Arbeitsleistung E ihr Maximum und zwar bei einem Wert von u, welcher sich durch Differentiation des Ausdruckes von E nach u ergibt

Es ist
$$\frac{dE}{du} = 2\,M\,(C_1 \cos \alpha_1 - 2\,u) = 0,$$

woraus
$$u = \frac{C_1 \cos \alpha_1}{2}. \tag{12}$$

Nach Einsetzung des Wertes von u (12) in die Arbeitsformel (11) erhält man die maximale Arbeitsleistung

$$E = M \frac{C_1^2}{2} \cos^2 \alpha_1;$$

aus (10) erhält man den der Maximalleistung entsprechenden Schaufeldruck zu
$$Z = M C_1 \cos \alpha_1,$$

also die Hälfte des Druckes der ruhenden Schaufel.

Der Winkel β_1 der Schaufelneigung im Punkte B_1 ergibt sich nach Einsetzung des Wertes von u aus (12) in (6):

$$\tan \beta_1 = 2 \tan \alpha_1.$$

Die absolute Austrittsgeschwindigkeit C_2 und ihr Neigunngswinkel α_2 ergeben sich aus

$$C_2 \cos \alpha_2 = w_2 \cos \beta_2 + u$$
$$C_2 \sin \alpha_2 = w_2 \sin \beta_2$$

mit
$$\beta_2 = 180^0 - \beta_1$$

und
$$w_2 = w_1 = w;$$

man erhält:
$$C_2 \cos \alpha_2 = u - w \cos \beta_1$$
$$C_2 \sin \alpha_2 = w \sin \beta_1;$$
da nun:
$$w \cos \beta_1 = C_1 \cos \alpha_1 - u$$
$$w \sin \beta_1 = w \sin \alpha_1,$$
so erhält man mit Rücksicht auf (12)
$$C_2 \cos \alpha_2 = 2u - C_1 \cos \alpha_1 = 0$$
$$C_2 \sin \alpha_2 = C_1 \sin \alpha_1.$$
Daher
$$\alpha_2 = 90^0 \text{ und } C_2 = C_1 \sin a_1.$$
Die pro Sekunde zufliessende Energie
$$E_1 = M \frac{C_1^2}{2}$$
verwandelt sich, abgesehen von Nebenverlusten, in die Maximalleistung
$$E = M \frac{C_1^2}{2} \cos^2 \alpha_1,$$
daher beträgt der bauliche Wirkungsgrad der Anordnung
$$\eta_b = \frac{E}{E_1} = \cos^2 \alpha_1.$$

Zahlenbeispiel.*) – Es fliessen pro Stunde 413 kg Dampf mit einer absoluten Geschwindigkeit $C_1 = 1090$ m-Sek. unter einem Winkel $\alpha_1 = 20^0$ zu, und es seien die der Maximalleistung entsprechenden Grössen zu bestimmen.

Es ist:
$$M = \frac{G}{g} = \frac{413}{60 \cdot 60 \cdot 9{,}81} = 0{,}012.$$
Die der Maximalleistung entsprechende Umfangsgeschwindigkeit ist
$$u = \frac{C_1 \cos \alpha_1}{2} = \frac{1090 \cdot \cos 20^0}{2} = \frac{1090 \cdot 0{,}94}{2} = 512 \, ms.$$
Der Schaufeldruck beträgt hierbei
$$Z = M C_1 \cos \alpha_1 = 0{,}012 \cdot 1090 \cdot 0{,}94 = 12{,}3 \text{ kg}.$$
Die Minimalleistung beträgt
$$E = M \frac{C_1^2}{2} \cos^2 \alpha_1 = 0{,}012 \cdot \frac{1090^2}{2} \cdot 0{,}94^2 = 6276 \, mks.$$
Der Eintrittswinkel der Schaufel ergiebt sich aus
$$\tan \beta_1 = 2 \tan \alpha_1 = 2 \tan 20^0 = 0{,}73;$$
also $\beta_1 = 36^0$.

Folglich beträgt der Austrittswinkel der Schaufel
$$\beta_2 = 180^0 - \beta_1 = 180^0 - 36^0 = 144^0.$$
Die absolute Austrittsgeschwindigkeit beträgt:
$$C_2 = C_1 \sin \alpha_1 = 1090 \cdot 0{,}342 = 373 \text{ ms}.$$

---

*) Vgl. Gustav Zeuner, Theorie der Turbinen, S. 282.

Der bauliche Wirkungsgrad beträgt:

$$\eta_b = \frac{E}{E_1} = cos^2 \alpha_1 = 0{,}94^2 = 0{,}88.$$

Könnte man $\alpha_1 = 0$ wählen, so wäre $u = \frac{C_1}{2}$ und $\eta_b = 1$; wie wir jedoch sehen werden, müssen α_1 und u gewissen praktischen Bedingungen genügen, welche die Bauanordnung einschränken.

III. Bauanordnung.

Bei praktischer Ausführung von Turbinen handelt es sich darum, die einzelnen Elemente derselben nach den gegebenen Grössen und gewünschten Resultaten den praktischen Möglichkeiten gemäss zu demiensionieren. Wir wollen im Folgenden zur Fixierung unserer Grundbetrachtungen und Gesichtspunkte den einfachsten Fall behandeln, nämlich die einstufige Freistrahldampfturbine, in welcher der Dampf bei einmaliger Durchströmung der Schaufeln eines Laufrades seine Stromenergie als Betriebskraft abgibt.

Gewöhnlich ist die Dampfspannung vorgeschrieben, ebenso die Gegenspannung bedingt durch Anwendung oder Nichtanwendung von Kondensation. Demnach ist die Zuflussgeschwindigkeit des Dampfes auch von vornherein gegeben. Die Berechnung derselben aus der gegebenen Dampfspannung und der Gegenspannung ist ein spezieller Gegenstand für sich und soll daher bei Aufstellung der Grundprinzipien der Turbinentheorie nicht berücksichtigt, sondern vorläufig als bekannt vorausgesetzt werden.

Damit wir die Probleme der Praxis mit Übersicht und Leichtigkeit lösen können, müssen wir die gewonnenen Ergebnisse in einfache handliche Formeln fassen.

Wir haben nach (10) und (11) die Grundformeln:

für den Druck: $$Z = 2\,M\,(C_1 \cos \alpha_1 - u), \tag{10}$$

für die Arbeit: $$E = 2\,Mu\,(C_1 \cos \alpha_1 - u). \tag{11}$$

Ferner haben wir nach (4), (5) und (6) die Grundbeziehungen für den Eintritt:

$$w_1 \cos \beta_1 = C_1 \cos \alpha_1 - u, \tag{4}$$

$$w_1 \sin \beta_1 = C_1 \sin \alpha_1; \tag{5}$$

woraus:
$$\tan\beta_1 = \frac{C_1 \sin\alpha_1}{C_1 \cos\alpha_1 - u}, \tag{6}$$
$$w_1^2 = C_1^2 + u^2 - 2\,C_1 u \cos\alpha_1. \tag{7}$$

In analoger Weise hat man für den Austritt:
$$C_2 \cos\alpha_2 = w_2 \cos\beta_2 + u,$$
$$C_2 \sin\alpha_2 = w_2 \sin\beta_2,$$

woraus:
$$\tan\alpha_2 = \frac{w_2 \sin\beta_2}{w_2 \cos\beta_2 + u},$$
$$C_2^2 = w_2^2 + u^2 + 2\,w_2 u \cos\beta_2;$$

Da nun $w_1 = w = w_2$ und $\beta_2 = 180^0 - \beta_1$ angenommen, so ergeben sich für den Austritt mit Rücksicht auf (4) und (5)
$$C_2 \cos\alpha_2 = 2\,u - C_1 \cos\alpha_1,$$
$$C_2 \sin\alpha_2 = C_1 \sin\alpha_1;$$

dazu:
$$\tan\alpha_2 = \frac{C_1 \sin\alpha_1}{2\,u - C_1 \cos\alpha_1},$$
$$C_2^2 = C_1^2 + 4\,u^2 - 4\,C_1 u \cos\alpha_1.$$

Alle diese Formeln vereinfachen sich bedeutend, wenn man
$$\frac{u}{C_1 \cos\alpha_1} = \gamma, \text{ also } u = \gamma C_1 \cos\alpha_1 \tag{A}$$
setzt, wo γ ein Grundfaktor ist und das Verhältnis der Umfangsgeschwindigkeit u zur absoluten Eintrittsgeschwindigkeitskomponente in der Richtung von u bedeutet.

Nach Einsetzung des Wertes von u aus (A) in den obigen Formeln, ergeben sich:

Druck:
$$Z = 2\,MC_1 (1 - \gamma) \cos\alpha_1; \tag{B}$$
Arbeit:
$$E = 2\,MC_1^2 \gamma (1 - \gamma) \cos^2\alpha_1; \tag{C}$$
relativer Eintrittswinkel durch:
$$\tan\beta_1 = \frac{1}{1 - \gamma} \tan\alpha_1 \tag{D}$$
relative Eintrittsgeschwindigkeit durch:
$$w_1^2 = C_1^2 [1 - \gamma (2 - \gamma) \cos^2\alpha_1]; \tag{E}$$
absoluter Austrittswinkel durch:
$$\tan\alpha_2 = \frac{1}{2\gamma - 1} \tan\alpha_1; \tag{F}$$
absolute Austrittsgeschwindigkeit durch:
$$C_2^2 = C_1^2 [1 - 4\,\gamma (1 - \gamma) \cos^2\alpha_1]. \tag{G}$$

Dazu kommen:

relative Austrittsgeschwindigkeit: $w_2 = w = w_1$;

relativer Austrittswinkel: $\beta_2 = 180^0 - \beta_1$.

Die Arbeitsformel (C) lässt sich auch schreiben;

$$E = 4\gamma(1-\gamma)\cos^2\alpha_1 M \frac{C_1^2}{2};$$

nun ist die pro Sekunde zufliessende kinetische Energie:

$$E_1 = M\frac{C^2}{2};$$

es beträgt der bauliche Wirkungsgrad oder das Effektverhältnis der Bauanordnung: $\eta_b = \frac{E}{E_1}$;

setzt man zur Einfachheit:

$$\eta_b = \frac{E}{E_1} = \varepsilon,$$

so ist das Effektverhältnis mit Rücksicht auf die Werte von E und E_1:

$$\varepsilon = 4\gamma(1-\gamma)\cos^2\alpha_1, \qquad \text{(H)}$$

und der erzielte Effekt:

$$E = \varepsilon M\frac{C_1^2}{2}. \qquad \text{(I)}$$

Die Formeln von (A) bis zu (I) sind Funktionen nur des Grundfaktors γ, denn die Zuflussgeschwindigkeit C_1 ist, wie schon erwähnt, durch die Dampfspannung und Gegenspannung gegeben, während der Eintritts- oder Leitwinkel α_1 der Zuflussgeschwindigkeit C_1 aus praktischen, noch zu erörternden Gründen gleich ca. 20^0 gemacht wird, also praktisch als bekannt anzusehen ist.

Nach zweckmässiger Wahl des Wertes von γ ergeben sich folglich die sämtlichen unbekannten Grössen aus den obigen Formeln von selbst.

Um die Wahl des Grundfaktors γ zweckmässig treffen zu können, müssen wir die Bauanordnung genau in Betracht ziehen, umsomehr, als der Wert von γ das Effektverhältnis

$$\varepsilon = 4\gamma(1-\gamma)\cos^2\alpha, \qquad \text{(H)}$$

folglich auch den Effekt

$$E = \varepsilon M\frac{C_1^2}{2} \qquad \text{(I)}$$

beeinflusst.

Der Grundfaktor γ kann daher als der Schlüssel der einstufigen Turbine gelten. Da dieselbe sowohl für Wasser als auch für Dampf Anwendung findet und überdies durch Nachschaltung einer oder mehrerer Einstufenturbinen die mehrstufige Dampfturbine bildet, so ist es von grosser Wichtigkeit, die Organisation der einstufigen Turbine gründlich kennen zu lernen, und zwar am einfachsten im Zusammenhang mit der Bauformel (H).

Nach (H) ist der bauliche Wirkungsgrad ε um so grösser, je kleiner α_1 und am grössten, wenn $\alpha_1 = 0$; nun muss aber α_1 einen gewissen Wert haben, wie aus dem Folgenden zu ersehen ist.

Es repräsentiere Fig. 5 einen Teil des Laufkranzes, zu welchem der Kraftstrom durch Leitkanäle unter dem Winkel α_1 zuströmt. Bezeichnet man die Anzahl der Leitkanäle mit m, den Ausströmungsquerschnitt eines jeden Leitkanals mit q und die Masse des Betriebsmittels pro Volumeneinheit mit μ, so ist die mit der Geschwindigkeit C_1 pro Sekunde zufliessende Masse

$$M = \mu\, C_1\, m\, q;$$

ist δ die Weite und b die Breite eines jeden Leitkanals am Ausflussende, so ist

$$q = b\, \delta;$$

bezeichnet man die Anschlussstrecke eines Leitkanals am Umfang des Laufkranzes mit τ, so ist

$$\delta = \tau \sin \alpha_1,$$

daher

$$q = b\, \tau \sin \alpha_1,$$

und folglich

$$M = \mu\, C_1\, m\, \tau\, b \sin \alpha_1.$$

Hiernach beträgt die pro Sekunde zugeleitete Masse um so weniger, je kleiner α_1 ist, und wird $= 0$ mit $\alpha_1 = 0$, da hierbei die Kanalweite $\delta = 0$ ist, somit auch der Kanalquerschnitt q. Deshalb muss α_1 einen gewissen Wert haben, damit überhaupt ein Zufluss zum Laufkranz stattfinden kann, und zwar unter Beibehaltung von m, τ und b einen um so grösseren Wert, je grösser die pro Sekunde zufliessende Masse M ist.

Wird der Laufkranz ringsherum beaufschlagt, so ist das Produkt $m\,\tau =$ dem Laufkranzumfang ausschliesslich des von der Materialstärke der Schaufeln besetzten Teiles; wenn daher der Laufkranzradius aus praktischen Rücksichten eine gewisse

Grenze nicht überschreiten soll, muss entweder α_1 oder *b* oder auch beide zusammen entsprechend der Grösse der zufliessenden Masse vergrössert werden. Bei Wasserturbinen ist es daher üblich, α_1 zwischen 12^0 und 30^0 zu wählen und zwar um so grösser, je grösser die Aufschlagwassermenge.

Diese Variation des Leitwinkels α_1 gemäss der von Fall zu Fall veränderlichen Grösse der pro Sekunde zufliessenden Masse ist indessen sowohl für Wasser- als auch für Dampfturbinen prinzipiell nicht zu empfehlen. Der Wert 12^0 ist konstruktiv zu klein und zu unbequem, dagegen 30^0 zu un-

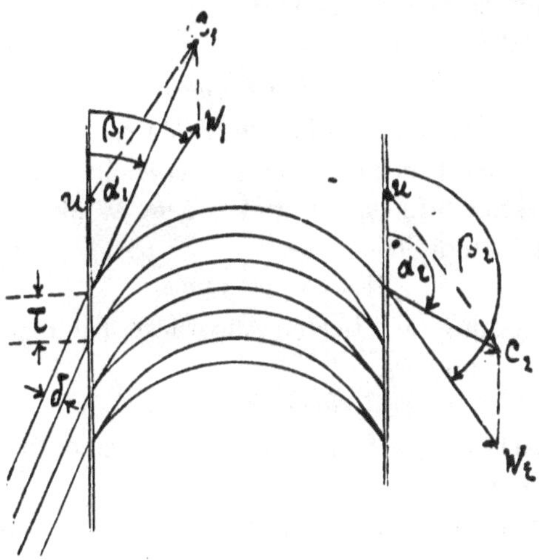

Fig. 5.

ökonomisch für den baulichen Wirkungsgrad ε. Der Leitwinkel α_1 ist ein wesentliches, der Natur der Sache zugehöriges Element; es ist deshalb ein richtiger Plan, demselben von vornherein einen für alle Fälle passenden bestimmten Wert zu geben und die Leitkanalbreite *b* bezw. gleichzeitig die effektiv beaufschlagte Peripheriestrecke $m\tau$, insbesondere bei partiell beaufschlagten Turbinen, nach dem Leitwinkel α_1 und nach der Aufschlagmasse *M* zu dimensionieren.

Der Leitwinkel α_1 kann am zweckmässigsten gleich 18^0, also 0,1 von 180^0 gesetzt werden, was durch Einteilung eines Halbkreises mittels eines Zirkels in 10 Teile leicht bestimmbar ist, oder auch, wenn man gern runde Zahlen verwendet, gleich

20°. Beide Grössen entsprechen dem Mittelwert der üblichen Winkel. Es ist auch bei praktischen Ausführungen richtiger, nicht in der Wahl zwischen Extremen zu schwanken und eventuell irre zu gehen, sondern von vornherein direkt den Mittelweg einzuschlagen und das Übrige danach zu richten, es sei denn, dass ganz besondere dem Turbinensystem charakteristische Gründe vorliegen, eine andere Bestimmung für α_1 zu treffen. In letzterem Falle ist es wieder ratsam, den erwählten Wert von α_1 in allen Grössen desselben Systems durchzuführen, wodurch auch die Fabrikation sich vereinfacht, verbilligt und einheitlich gestaltet.

Analog der Formel

$$M = \mu\, C_1\, bm\, \tau \sin \alpha_1$$

für die zum Laufkranz zufliessende Masse hat man als Bedingung für den Eintritt derselben Masse ins Laufrad mit der relativen Geschwindigkeit w_1 unter dem Winkel β_1 gegen die Umfangsgeschwindigkeit

$$M = \mu\, w_1\, bm\, \tau \sin \beta_1;$$

nach Gleichsetzung der beiden Ausdrücke hat man die zu erfüllende Beziehung

$$C_1 \sin \alpha_1 = w_1 \sin \beta_1,$$

was auch nach der Bedingung des stossfreien Eintrittes wirklich der Fall ist (Gl. 5).

Da die relative Geschwindigkeit w beim Durchfluss der Laufkanäle trotz der Strömungswiderstände nahezu konstant bleibt, so kann auch der Durchflussquerschnitt eines jeden Laufkanals konstant gemacht werden und zwar mittels sogenannter Schaufelrücken, um periodische Stauung und Verlangsamung des Stromes zu vermeiden.

Als Bedingung für die Ausströmung derselben Masse M aus dem Laufkranz hat man

$$M = \mu\, w_2\, bm\, \tau \sin \beta_2,$$

also

$$w_2 \sin \beta_2 = w_1 \sin \beta_1;$$

daher mit $w_1 = w = w_2$

$$\sin \beta_2 = \sin \beta_1,$$

was bei unserer Annahme von

$$\beta_2 = 180^0 - \beta_1$$

auch wirklich der Fall ist.

Endlich hat man als Bedingung für die Ableitung derselben Masse vom Laufkranz mit der absoluten Geschwindigkeit C_2 unter dem Winkel α_2

$$M = \mu\, C_2\, bm\, \tau \sin \alpha_2,$$

also

$$C_2 \sin \alpha_2 = w_2 \sin \beta_2,$$

folglich

$$C_2 \sin \alpha_2 = C_1 \sin \alpha_1,$$

da

$$w_2 \sin \beta_2 = w_1 \sin \beta_1 = C_1 \sin \alpha_1.$$

Nun ist $C_2 \sin \alpha_2$, wodurch der Abfluss ermöglicht ist, die Komponente der absoluten Austrittsgeschwindigkeit senkrecht zur Umfangsgeschwindigkeit und somit gleich der nämlichen Komponente der absoluten Zuflussgeschwindigkeit C_1.

Die mit der absoluten Geschwindigkeit C_2 abfliessende Masse trägt pro Masseneinheit eine Energie von $\frac{C_2^2}{2}$ fort; dieselbe wird bei mehrstufigen Turbinen weiter als Betriebskraft ausgenutzt; hier bei der einstufigen Turbine dagegen fliesst sie weg und vermindert entsprechend den baulichen Wirkungsgrad ε gemäss der Bauformel (H), zu welcher wir nun nach unserem Überblick der ganzen Bauanordnung zurückkehren, um die Wahl des Grundfaktors zu treffen.

Bei der Festsetzung des Wertes von γ kommen drei Gesichtspunkte zur Geltung, welche zusammen die Bauanordnung beeinflussen.

1. γ kann so gewählt werden, dass das Effektverhältnis ε, somit auch der erzielte Effekt E zu einem Maximum wird; man erhält als Bedingung dafür, indem man den Ausdruck von ε (Gl. H) nach γ differenziert und den Differentialquotienten gleich Null setzt,

$$\frac{d\varepsilon}{d\gamma} = 4\,(1 - 2\,\gamma) \cos^2 \alpha_1 = 0,$$

also

$$1 - 2\,\gamma = 0,$$

woraus

$$\gamma = 1/2 .$$

Dieser Wert von γ in die Formeln (A) bis (I) eingesetzt, ergiebt die der Maximalleistung entsprechenden Grössen, die wir bereits auf anderem Wege gefunden und durch ein Zahlenbeispiel (S. 14) erläutert haben.

Nun ist aber die sich dabei ergebende Umfangsgeschwindigkeit $u = 512$ m.-Sek. mit Bezug auf die Festigkeit des Laufradmateriales gegen Fliehkraftbeanspruchung viel zu gross und darf nur in besonderen Ausnahmefällen angewendet werden, wo Sicherheitsmassregeln die Gefahr der Explosion einschränken; deshalb muss man sich mit einem geringeren baulichen Wirkungsgrad γ begnügen, um die Festigkeit gegen Fliehkräfte bei gewöhnlichem Fabrikbetrieb und insbesondere bei unruhigem Betrieb, z. B. auf Schiffen, zu sichern.

2. Wählt man γ so, dass die Umfangsgeschwindigkeit den im Maschinenbau allgemein üblichen Sicherheitsmassregeln genügt, also setzt man etwa $u = 25$ bis 50 ms, so ergiebt sich nach (A) der Grundfaktor γ und damit auch gleichzeitig aus (H) der bauliche Wirkungsgrad ε unzulässig klein.

3. Endlich kann γ so gewählt werden, dass der bauliche Wirkungsgrad zwar nicht seinen maximalen, so doch einen in der Praxis als ökonomisch zulässigen und durch Festigkeitsrücksichten bei einem Spezialmaterial erlaubten Grenzwert erhält.

Die Punkte 1 und 2 stehen somit in innigem Zusammenhang in ihrer Tendenz, das Ideal der Wirtschaftlichkeit und der Betriebssicherheit durch den Punkt 3 zu erreichen, welcher seinerseits als Ausgangspunkt der mehrstufigen Turbine anzusehen ist.

Bezeichnet man den gesamten Wirkungsgrad der Turbine mit η sowie den mechanischen Wirkungsgrad in Folge der Nebenverluste durch Bewegungswiderstände und durch Wärmeausstrahlung mit ϱ, so ist der gesamte Wirkungsgrad

$$\eta = \varrho \varepsilon.$$

Deshalb kann man bei der Bestimmung des Grundfaktors γ von einem gewissen praktisch zulässigen baulichen Wirkungsgrad ε ausgehen.

Nun beträgt der maximale bauliche Wirkungsgrad nach (H) mit $\gamma = \frac{1}{2}$

$$\varepsilon = \cos^2 \alpha_1,$$

daher ist mit $$\alpha_1 = 18^0$$

$$\varepsilon = \cos^2 18^0 = 0{,}95^2 = 0{,}90.$$

Setzt man für ε einen anderen geringeren Wert fest, so ergiebt sich der Grundfaktor γ durch Auflösung der quadratischen Gleichung (H).

Es ist
$$\gamma^2 - \gamma + \frac{\varepsilon}{4 \cos^2 \alpha_1} = 0,$$

daher
$$\gamma = \frac{1}{2}\left(1 \pm \sqrt{1 - \frac{\varepsilon}{\cos^2 \alpha_1}}\right).$$

Es hat somit γ zwei Werte: den einen oberhalb und den anderen unterhalb des dem Maximum von $\varepsilon = \cos^2 \alpha_1$ entsprechenden Wertes; nach (A) gilt der obere Wert für höhere und der untere für geringere Umfangsgeschwindigkeiten als für die der Maximalleistung entsprechende Umfangsgeschwindigkeit. Daher ist hier nur die untere Wurzel

$$\gamma = \frac{1}{2}\left(1 - \sqrt{1 - \frac{\varepsilon}{\cos^2 \alpha_1}}\right) \tag{K}$$

zu berücksichtigen. Nach Einsetzung der angenommenen Werte von α_1 und ε ergiebt sich hieraus γ, und mit γ die übrigen Grössen aus den Formeln (A) bis (I).

Bezeichnet man noch die normale Drehzahl der Turbine pro Minute mit n, den Laufradradius mit r und die Umfangsgeschwindigkeit wie bisher mit u, so hat man die Beziehung

$$u = \frac{2 \pi r n}{60},$$

daher
$$r = \frac{60\, u}{2 \pi n};$$

folglich nach (A)
$$r = \frac{60\, C_1 \cos \alpha_1}{2\, \pi\, n} \gamma,$$

woraus, unter Annahme der normalen Drehzahl n pro Minute, der Laufradradius sich bestimmen lässt.

Man kann auch den Grundfaktor γ nach dem minimal zulässigen Dampfverbrauch pro Pferdestunde festsetzen, falls der mechanische Wirkungsgrad ϱ erfahrungsmässig für das betreffende Turbinensystem bekannt ist bezw. sich annähernd einschätzen lässt.

Es beträgt die effektive Leistung in Pferdestärken

$$E_{ps} = \eta \frac{E_1}{75} = \varrho \varepsilon\, M \frac{C_1^2}{2.75} = \varrho \varepsilon \frac{G}{g} \frac{C_1^2}{150};$$

daher beträgt der Dampfverbrauch pro Pferdestunde in kg

$$D = \frac{60 \cdot 60 \cdot G}{E_{ps}} = \frac{150 \cdot 3600 \cdot g}{\varrho \varepsilon \, C_1^2} = \frac{5300000}{\varrho \varepsilon \, C_1^2};$$

hieraus ergiebt sich der entsprechende bauliche Wirkungsgrad

$$\varepsilon = \frac{5300000}{\varrho D C_1^2}$$

und hiermit nach (K) der Wert von γ.

Wir wollen jedoch vorläufig vom mechanischen Wirkungsgrad absehen, welcher an und für sich eine zu wichtige Rolle spielt, um summarisch angegeben zu werden, andererseits, wenn von vornherein berücksichtigt, die prinzipiellen Vorgänge verdunkelt.

Der mechanische Wirkungsgrad ϱ umfasst die Nebenverluste an Energie in Folge der Strömungswiderstände der Leit- und Laufkanäle sowie in Folge der Wärmeausstrahlung der Turbine und der Drehungswiderstände des Laufrades. Alle diese Verluste müssen auf ein Minimum reduziert werden, wodurch die Turbine sich mehr oder weniger dem idealen Grenzzustand nähert, bei welchem weder Wärmeausstrahlung noch Bewegungswiderstände vorhanden sind. Wir wollen daher unsere Analyse zunächst an diesem idealen Grenzzustand machen, ohne den Einblick in das Wesen des organischen Zusammenhanges durch allerlei Koeffizienten zu verdunkeln oder den Gegenstand durch einen summarischen mechanischen Wirkungsgrad, etwa $\varrho = 0{,}75$, mit einem Schlag abzufertigen. Dagegen wollen wir, nach Feststellung des Wesens der maschinellen Anordnung, auch die einzelnen Nebenverluste einführen, um einerseits dieselben reduzieren und andererseits eine Dampfturbine von gewünschter Leistung berechnen zu können. Unter der vorläufigen Annahme, es sei $\varrho = 1$, wollen wir nun die gewonnenen Ergebnisse durch ein Zahlenbeispiel näher erläutern.

Zahlenbeispiel. Es sei der Dampfzufluss pro Stunde wie vorher 413 kg mit einer Geschwindigkeit von 1090 ms unter einem Winkel $\alpha_1 = 18^0$. Es sind die Hauptgrössen bei einem baulichen Wirkungsgrad $\varepsilon = 0{,}72$ zu bestimmen und mit denen bei dem maximalen baulichen Wirkungsgrad zu vergleichen.

Für die Maximalleistung hat man mit $\gamma = \frac{1}{2}$:

$\varepsilon = \cos^2 \alpha_1 = 0{,}95^2 = 0{,}90;$

$u = \gamma\, C_1 \cos \alpha_1 = \frac{1}{2} \cdot 1090 \cdot 0{,}95 = 518\ ms;$

$Z = 2\, MC_1 (1 - \gamma) \cos \alpha_1 = 2 \cdot 0{,}012 \cdot 1090 . \frac{1}{2} \cdot 0{,}95 = 12{,}4\ kg;$

$E = 2\, MC_1^2\, \gamma\, (1 - \gamma) \cos^2 \alpha_1 = 2 \cdot 0{,}012 \cdot 1090^2 \cdot \frac{1}{2} \cdot \frac{1}{2} \cdot 0{,}95^2 = 6426\ mkgs;$

$\tan \beta_1 = \frac{1}{1-\gamma} \tan \alpha_1 = 2 \tan 18^0 = 0{,}65;$

$\beta_1 = 33^0.$

$\tan \alpha_2 = \frac{1}{2\gamma - 1} \tan \alpha_1 = \frac{1}{0} \tan 18^0 = \infty;\ \alpha_2 = 90^0;$

$C^2_2 = C_1^2 [1 - 4\gamma (1 - \gamma) \cos^2 \alpha_1] = 1090^2 \cdot [1 - 4 \cdot \frac{1}{2} \cdot \frac{1}{2} \cdot 0{,}95^2] =$
$= 1090^2 \cdot 0{,}1 = 118810.$

Daher $C_2 = 345\ ms.$

Bei einem baulichen Wirkungsgrad

$$\varepsilon = 0{,}72$$

hat man zunächst nach (K)

$$\gamma = \frac{1}{2}\left(1 - \sqrt{1 - \frac{\varepsilon}{\cos^2 \alpha_1}}\right) = \frac{1}{2}\left(1 - \sqrt{1 - \frac{0{,}72}{0{,}90}}\right) = 0{,}27;$$

hiermit erhält man aus den Formeln (A) bis (I):

$u = \gamma C_1 \cos \alpha_1 = 0{,}27 \cdot 1090 \cdot 0{,}95 = 280\ ms;$

$Z = 2\, MC_1 (1 - \gamma) \cos \alpha_1 = 2 \cdot 0{,}012\, (1 - 0{,}27) \cdot 1090 \cdot 0{,}95 = 18$ kg;

$E = Zu = 18 \cdot 280 = 5040\ mkgs;$

$\tan \beta_1 = \frac{1}{1 - \gamma} \tan \alpha_1 = \frac{1}{1 - 0{,}27} \cdot 0{,}325 = 0{,}444.$

$\beta_1 = 24^0.$

$\tan \alpha_2 = \frac{1}{2\gamma - 1} \tan \alpha_1 = \frac{1}{2 \cdot 0{,}27 - 1} \cdot 0{,}325 = -0{,}72.$

$180^0 - \alpha_2 = 36^0.$

$\alpha_2 = 180^0 - 36^0 = 144^0.$

$C_2^2 = C_1^2 (1 - \varepsilon) = 1090^2 \cdot (1 - 0{,}72) \cdot = 1090^2 \cdot 0{,}28.$

$C_2 = C_1 \sqrt{1 - \varepsilon} = 1090 \cdot \sqrt{0{,}28} = 578\ ms.$

Nun wollen wir die beiden ausgerechneten Fälle zusammen vergleichen und hierbei zur Vereinfachung unserer Betrachtungen die Arbeitsleistungen sowie die verfügbaren Arbeitsstärken wie üblich in Pferdestärken ausdrücken.

In beiden Fällen beträgt die verfügbare Energie:

$$E_1 = M\,\frac{C_1^2}{2} = \frac{0{,}012 \cdot 1090^2}{2} = 7129\,mkgs = \frac{7129}{75}\,PS = 95\,PS.$$

Hieraus erhält man im Falle der Maximalleistung bei einem baulichen Wirkungsgrad

$$\varepsilon = cos^2\,18^0 = 0{,}90:$$

Arbeitsleistung

$$E = \varepsilon E_1 = 0{,}90 \cdot 95 = 85{,}5\,PS,$$

Arbeitsverlust

$$E_2 = (1 - \varepsilon)\,E_1 = 0{,}10 \cdot 95 = 9{,}5\,PS,$$

Umfangsgeschwindigkeit

$$u = 518\,ms.$$

Dagegen hat man bei einem baulichen Wirkungsgrad

$$\varepsilon = 0{,}72:$$

Arbeitsleistung

$$E = \varepsilon E_1 = 0{,}72 \cdot 95 = 68{,}4\,PS,$$

Arbeitsverlust

$$E_2 = (1 - \varepsilon)\,E_1 = 0{,}28 \cdot 95 = 26{,}6\,PS,$$

Umfangsgeschwindigkeit

$$u = 280\,ms.$$

Folglich hat die Verminderung der Umfangsgeschwindigkeit von 518 *ms* auf 280 *ms* den Arbeitsverlust von 9,5 PS auf 26,6 PS vermehrt, weil dabei die Ausflussgeschwindigkeit von 345 *ms* auf 578 *ms* gestiegen ist und dadurch einen beträchtlichen Teil der disponiblen Energie fortnimmt. Die Anordnung kann daher nur bei kleinen Leistungen wirtschaftlich sein, dagegen ist sie bei grossen Turbinen unwirtschaftlich, da der Betrag des Ausflussverlustes viel zu gross ist. Es kann jedoch die Geschwindigkeit des abziehenden Dampfes zur weiteren Arbeitsleistung benutzt werden, wodurch die sogenannte Geschwindigkeitsabstufung entsteht.

IV. Geschwindigkeitsabstufung.

Die Geschwindigkeitsabstufung besteht darin, dass die Dampfgeschwindigkeit nicht auf einmal mittels eines Laufkanals oder, besser gesagt, eines Drehkanals, sondern stufenweise mittels mehrerer hintereinander geschalteter und mit einander durch Leitvorrichtungen in Verbindung stehender Drehkanäle in Betriebskraft umgewandelt wird. Leitet man den aus dem ersten Drehkanal ausströmenden Dampf mittels einer Leitvorrichtung in einen anderen Drehkanal zur weiteren Arbeitsleistung, so entsteht eine Dampfturbine mit zwei Geschwindigkeitsstufen; leitet man den aus der zweiten Stufe ausströmenden Dampf mittels einer Leitvorrichtung in einen dritten Drehkanal zur weiteren Arbeitsleistung, so entsteht eine Dampfturbine mit drei Geschwindigkeitsstufen; ähnlich entsteht durch Nachschaltung mehrerer Drehkanäle zur stufenweisen Nutzbarmachung der Dampfgeschwindigkeit eine Dampfturbine mit mehreren Geschwindigkeitsstufen. Die nachgeschalteten Drehkanäle können hierbei zu besonderen Drehkränzen mit dazwischen angeordneten Leitvorrichtungen oder auch zu demselben Drehkranz mit Leitkanälen zur Zurückführung des Dampfstrahles in andere Drehkanäle desselben gehören. Im ersten Falle hat man eine Mehrkranz-Geschwindigkeitsabstufung und im letzten Falle eine Einkranz-Abstufung.

Wir wollen zunächst den ersten Fall in Betracht ziehen, da der zweite Fall eine Potenzierung der durch den ersten Fall gekennzeichneten Anordnung ist.

Fig. 6 zeigt die Schaufelung einer Zweikranzturbine mit zwei Geschwindigkeitsstufen.

Um die Buchstabenbezeichnungen bei Mehrstufenturbinen einfach zu gestalten, wollen wir von nun ab unter Beibehaltung der bisherigen Buchstaben den Index e für den Eintritt in einen Drehkanal und den Index a für den Austritt aus demselben gebrauchen und die Stufennummer neben den Index, bezw. event. allein als Index, setzen, so z. B.: C_{e_2} sei die absolute Eintrittsgeschwindigkeit in den Drehkanal der zweiten Stufe. Hiernach wird Fig. 6 leicht verständlich sein.

Die Leitschaufel L_1 leitet den Dampfstrahl im Punkte e_1 mit einer absoluten Geschwindigkeit C_{e_1} unter einem Winkel α_{e_1} auf die Drehschaufel D_1 mit dem Eintrittswinkel β_{e_1} und Austrittswinkel $\beta_{a_1} = 180° — \beta_{e_1}$; der mit der relativen Geschwindigkeit w_{e_1} eintretende Dampfstrahl fliesst mit der relativen w_1 die Schaufel entlang und tritt im Punkte a_1 mit einer relativen Geschwindigkeit w_{a_1} unter dem Winkel β_{a_1} aus und giebt zusammen mit der Umfangsgeschwindigkeit u die absolute Austrittsgeschwindigkeit C_{a_1}; mit dieser verlässt der Strahl die Drehschaufel D_1 unter dem absoluten Winkel α_{a_1}, wird durch eine Leitschaufel L_2 aufgefangen und fliesst mit der absoluten

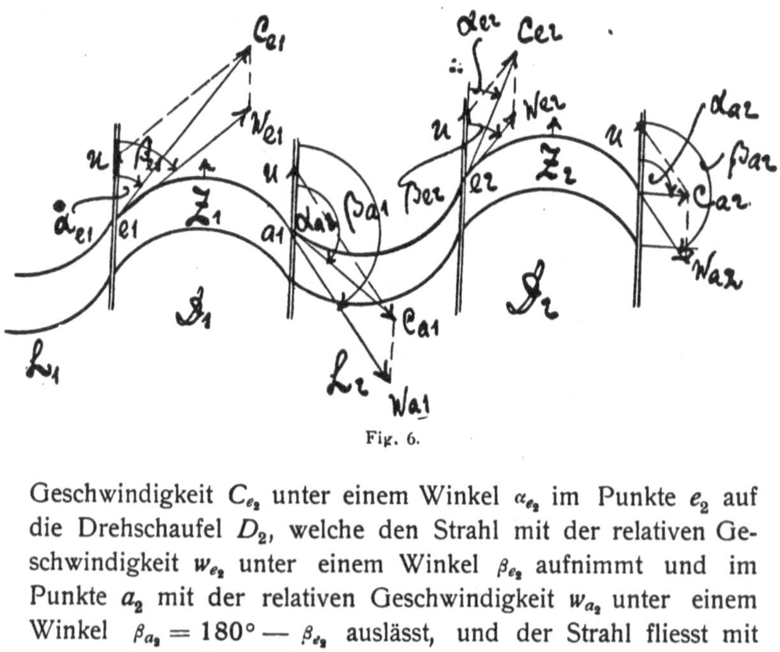

Fig. 6.

Geschwindigkeit C_{e_2} unter einem Winkel α_{e_2} im Punkte e_2 auf die Drehschaufel D_2, welche den Strahl mit der relativen Geschwindigkeit w_{e_2} unter einem Winkel β_{e_2} aufnimmt und im Punkte a_2 mit der relativen Geschwindigkeit w_{a_2} unter einem Winkel $\beta_{a_2} = 180° — \beta_{e_2}$ auslässt, und der Strahl fliesst mit der absoluten Geschwindigkeit C_{a_2} unter dem Winkel α_{a_2} fort.

Die Drehschaufeln D_1 und D_2 gehören hier zu zwei verschiedenen Drehschaufelkränzen, welche auf einer gemeinsamen Achse angebracht sind; sie können event. verschiedene Radien, also auch verschiedene Umfangsgeschwindigkeiten haben; doch sei hier die allgemein übliche Anordnung mit gleichen Radien, also auch mit gleicher Umfangsgeschwindigkeit u vorausgesetzt, während Drehschaufelkränze von verschiedenen Radien bei Spannungsabstufungen vorkommen, welche nicht hierher gehören.

Eine Frage, die sich bei Geschindigkeitsabstufungen, also auch im vorliegenden Falle einer zweistufigen Turbine darbietet, ist die der Dimensionierung des Zuleitwinkels α_e sowie des Einströmwinkels β_e von Stufe zu Stufe. Würde man den Zuleitwinkel α_e von Stufe zu Stufe konstant, etwa $= 18°$, machen, so müsste man den Einströmwinkel β_e von Stufe zu Stufe ändern gemäss der Bedingung des stossfreien Eintritts (6)

$$tan\, \beta_e = \frac{1}{1-\gamma}\, tan\, \alpha_e \quad \text{mit} \quad \gamma = \frac{u}{C_e \cos \alpha_e};$$

denn die absolute Geschwindigkeit C_e wird von Stufe zu Stufe geringer, während nach unserer Annahme gleich grosser Drehschaufelkränze die Umfangsgeschwindigkeit u von Stufe zu Stufe konstant bleibt; daher muss der Einströmwinkel β_e von Stufe zu Stufe vergrössert werden, wenn α_2 unveränderlich ist. Die Variation von β_e von Stufe zu Stufe ist jedoch unpraktisch: Erstens, weil man dann verschiedene Drehschaufelkränze herstellen muss, während die weniger zahlreichen Leitkanäle leichter von Stufe zu Stufe veränderliche Leitwinkel α_e erhalten können, zweitens, weil der Einströmwinkel w_e in der Einkranz-Geschwindigkeitsabstufung von Stufe zu Stufe nach dem Wesen dieser Anordnung konstant ist und deshalb α_e von Stufe zu Stufe veränderlich sein muss, drittens, weil das Harmonieren des Mehrkranzsystems mit dem Einkranzsystem die Sache wesentlich vereinfacht, ohne dabei irgend welche Vorteile zu verlieren. Wir nehmen daher an, es sei der Einströmwinkel β_e, also auch der Ausströmwinkel $\beta_a = 180° - \beta_e$ von Stufe zu Stufe konstant, während der Zuleitwinkel α_e entsprechend der Bedingung des stossfreien Eintritts von Stufe zu Stufe veränderlich ist. Es handelt sich nun darum, die Wahl dieser Winkel sowie die allgemeine Anordnung so zu treffen, dass möglichst geringe Umfangsgeschwindigkeit bei möglichst hohem baulichen Wirkungsgrad erreicht wird.

Wir wollen zuerst die Grundformeln für den Ein- und Austritt jeder Stufe aufstellen, um das Wesen der zweistufigen Turbine analytisch kennen zu lernen.

Wir haben wie früher, indem wir die Geschwindigkeitsprojektion gleich der Summe der Projektionen der Geschwindigkeitskomponenten setzen,

für die erste Stufe

$$C_{e_1} \cos \alpha_{e_1} = w_{e_1} \cos \beta_{e_1} + u,$$
$$C_{e_1} \sin \alpha_{e_1} = w_{e_1} \sin \beta_{e_1};$$
$$C_{a_1} \cos \alpha_{a_1} = w_{a_1} \cos \beta_{a_1} + u,$$
$$C_{a_1} \sin \alpha_{a_1} = w_{a_1} \sin \beta_{a_1},$$

für die zweite Stufe

$$C_{e_2} \cos \alpha_{e_2} = w_{e_2} \cos \beta_{e_2} + u,$$
$$C_{e_2} \sin \alpha_{e_2} = w_{e_2} \sin \beta_{e_2};$$
$$C_{a_2} \cos \alpha_{a_2} = w_{a_2} \cos \beta_{a_2} + u,$$
$$C_{a_2} \sin \alpha_{a_2} = w_{a_2} \sin \beta_{a_2}.$$

Nach unserer Festsetzung ist der Einströmwinkel von Stufe zu Stufe konstant, also

$$\beta_{e_1} = \beta_{e_2} = \beta_e;$$

ferner bildet nach der getroffenen Anordnung der Ausströmwinkel mit dem Einströmwinkel in jeder Stufe 180°, also

$$\beta_{a_1} = 180^0 - \beta_{e_1} = 180^0 - \beta_e,$$
$$\beta_{a_2} = 180^0 - \beta_{e_2} = 180^0 - \beta_e;$$

endlich ist die relative Geschwindigkeit innerhalb eines Drehkanals, gemäss unserer Annahme einer widerstandlosen Durchströmung, konstant, also

$$w_{e_1} = w_{a_1} = w_1,$$
$$w_{e_2} = w_{a_2} = w_2,$$

Daher erhalten wir aus den obigen Grundbeziehungen für die erste Stufe

$$C_{e_1} \cos \alpha_{e_1} = w_1 \cos \beta_e + u, \qquad (13_1)$$
$$C_{e_1} \sin \alpha_{e_1} = w_1 \sin \beta_e; \qquad (14_1)$$
$$C_{a_1} \cos \beta_{a_1} = - w_1 \cos \beta_e + u, \qquad (15_1)$$
$$C_{a_1} \sin \beta_{a_1} = w_1 \sin \beta_e, \qquad (16_1)$$

für die zweite Stufe

$$C_{e_2} \cos \alpha_{e_2} = w_2 \cos \beta_e + u, \qquad (13_2)$$
$$C_{e_2} \sin \alpha_{e_2} = w_2 \sin \beta_e; \qquad (14_2)$$
$$C_{a_2} \cos \alpha_{a_2} = - w_2 \cos \beta_e + u, \qquad (15_2)$$
$$C_{a_2} \sin \alpha_{a_2} = w_2 \sin \beta_e. \qquad (16_2)$$

Nach dem Prinzip der Zwangwirkung ist der Stromdruck pro Masseneinheit in der Richtung der Umfangsgeschwindigkeit gleich der relativen Eintrittsgeschwindigkeitskomponente in dieser Richtung, vermindert um die relative Austrittsgeschwindigkeitskomponente in derselben Richtung; daher ist

für die erste Stufe Druck pro Masseneinheit

$$\frac{Z_1}{M} = 2\, w_1 \cos \beta_e = 2\,(C_{e_1} \cos \alpha_{e_1} - u), \qquad (17_1)$$

für die zweite Stufe

$$\frac{Z_2}{M} = 2\, w_2 \cos \beta_e = 2\,(C_{e_2} \cos \alpha_{e_2} - u). \qquad (17_2)$$

Da der aus der ersten Stufe ausfliessende Dampf durch Leitkanäle in die zweite Stufe eingeleitet wird, so ist, wieder unter Vernachlässigung der Leitungsverluste,

$$C_{e_2} = C_{a_1},$$

d. h. die absolute Eintrittsgeschwindigkeit der zweiten Stufe ist gleich der absoluten Austrittsgeschwindigkeit der ersten Stufe.

Für die absolute Austrittsgeschwindigkeit der ersten Stufe erhält man aus (13_1) und (15_1) bezw. aus (14_1) und (16_1)

$$C_{a_1} \cos \alpha_{a_1} = -(C_{e_1} \cos \alpha_{e_1} - 2\,u), \qquad (18_1)$$

$$C_{a_1} \sin \alpha_{a_1} = C_{e_1} \sin \alpha_{e_1}; \qquad (19_1)$$

ähnlich erhält man für die zweite Stufe

$$C_{a_2} \cos \alpha_{a_2} = -(C_{e_2} \cos \alpha_{e_2} - 2\,u), \qquad (18_2)$$

$$C_{a_2} \sin \alpha_{a_2} = C_{e_2} \sin \alpha_{e_2}. \qquad (19_2)$$

Diese Gleichungen drücken das Prinzip der Geschwindigkeitsänderung von Stufe zu Stufe aus, nämlich:

Die absolute Zuflussgeschwindigkeit vermindert ihre Komponente in der Richtung der Umfangsgeschwindigkeit und kehrt den Sinn derselben um, während sie ihre normale Komponente unverändert beibehält.

Die Geschwindigkeit ändert sich somit nach dem Gesetz des schiefen zentrischen elastischen Stosses einer Masse gegen eine verhältnissmässig unendlich grosse Masse, wobei die Komponenten in der Bewegungsrichtung zum Stoss gelangt und, um die doppelte Geschwindigkeit der grossen Masse vermindert, zurückprallt, während die andere Komponente normal zur Bewegungsrichtung nicht zum Stoss gelangt und deshalb unverändert bleibt.

Somit nimmt gemäss dem Prinzip der Geschwindigkeitsänderung die Komponente der Zuflussgeschwindigkeit in der

Drehrichtung ab, und die normale Komponente derselben gelangt mit dem Rest der abgenommenen Komponente in der nächsten Stufe nach demselben Prinzip zur Wirkung, so dass der Kraftstrom nach stufenweiser Abnahme seiner absoluten Geschwindigkeit mit einer geringen absoluten Geschwindigkeit abfliesst.

Wir wollen noch die Winkelverhältnisse von Stufe zu Stufe näher kennen lernen. Für den Eintritt der beiden Stufen haben wir nach dem Sinus-Satz

$$\frac{C_{e_1}}{\sin \beta_e} = \frac{u}{\sin(\beta_e - \alpha_{e_1})} = \frac{w_1}{\sin \alpha_{e_1}};$$

$$\frac{C_{e_2}}{\sin \beta_e} = \frac{u}{\sin(\beta_e - \alpha_{a_2})} = \frac{w_2}{\sin \alpha_{e_2}}.$$

Da der Einströmwinkel β_e nach unserer Festsetzung konstant ist, dagegen die Zuflussgeschwindigkeit C_e von Stufe zu Stufe abnimmt, so wird $\frac{C_e}{\sin \beta_e}$ von Stufe zu Stufe kleiner, daher auch das Verhältnis $\frac{u}{\sin(\beta_e - \alpha_e)}$; da aber u von Stufe zu Stufe konstant ist, so muss $\sin(\beta_e - \alpha_e)$ von Stufe zu Stufe zunehmen, daher muss der absolute Leitwinkel α_e von Stufe zu Stufe abnehmen und ist folglich in der letzten Stufe, also hier in der zweiten, am kleinsten.

Wir müssen daher zuerst den Leitwinkel der letzten Stufe, also hier α_{e_2} in der zweiten Stufe, möglichst klein, jedoch konstruktiv zweckmässig wählen. Wir setzen nach der gemachten Regel von vorn herein

$$\alpha_{e_2} = 18^0.$$

Betreffs der grössten Leistung der Stufen-Anordnung ist zu bemerken, dass die Ausflussenergie jeder Stufe in der folgenden Stufe zum Betrieb gelangt; daher ist die Arbeitsleistung der ganzen Turbine ein Maximum, wenn der bauliche Wirkungsgrad der letzten Stufe, also hier der zweiten, ein Maximum ist, d. h. wenn in der letzten Stufe $\gamma = 1/2$, also

$$u = \frac{1}{2} C_{e_2} \cos \alpha_{e_2}.$$

Nach dem Prinzip der Geschwindigkeitsänderung haben wir für die Ausflussgeschwindigkeit der zweiten Stufe

$$C_{a_2} \cos \alpha_{a_2} = -(C_{e_2} \cos \alpha_{e_2} - 2u)$$

$$C_{a_2} \sin \alpha_{a_2} = C_{e_2} \sin \alpha_{e_2}.$$

Nun ist gemäss der Bedingung der Maximalleistung

$$C_{e_2} \cos \alpha_{e_2} - 2u = 0,$$

daher

$$C_{a_2} \cos \alpha_{e_2} = 0,$$

woraus folgt

$$\alpha_{e_2} = 90^0;$$

d. h. die Komponente der Austrittsgeschwindigkeit C_{a_2} in der Drehrichtung muss = 0 sein, so dass die absolute Austrittsgeschwindigkeit sich auf ihren minimalen Wert reduziert, nämlich auf ihre zur Drehrichtung senkrechte Komponente

$$C_{a_2} \sin \alpha_{a_2} = C_{a_2} \sin 90^0 = C_{a_2}.$$

Nun ist

$$C_{a_2} \sin \alpha_{a_2} = C_{e_2} \sin \alpha_{e_2},$$

also gleich der zur Drehrichtung senkrechten Komponente der Eintrittsgeschwindigkeit der zweiten Stufe, und die Eintrittsgeschwindigkeit der zweiten Stufe ist die Austrittsgeschwindigkeit der ersten Stufe, welche ihrerseits durch das Prinzip der Geschwindigkeitsänderung mit der Eintrittsgeschwindigkeit derselben Stufe zusammenhängt.

Diese Verkettung giebt uns von selbst eine Methode an, durch Zurückgang die Aufgabe sowohl graphisch als auch rechnerisch allgemein zu lösen. Zu diesem Zwecke nehmen wir z. B. die Austrittsgeschwindigkeit C_{a_2} als eine noch unbestimmte Grundmasseinheit an und drücken wir die übrigen Geschwindigkeiten in dieser Grundeinheit aus, bis wir zur absoluten Eintrittsgeschwindigkeit der ersten Stufe gelangen. Da dieselbe jedesmal gegeben ist, so ergiebt sie den Wert der Grundeinheit bzw. den Masstab der graphischen Lösung, wobei die Zeichenmethode als Verifikation zur Zahlenmethode dienen kann.

Wir nehmen gemäss unserer Regel den kleinsten Eintrittswinkel

$$\alpha_{e_2} = 18^0$$

an und tragen denselben (Fig. 7) im Coordinatensystem $0XY$ von $0X$ aus positiv im Uhrzeigersinn nach $0Y$ an; von 0 aus nach Y hin tragen wir eine Strecke ab für die absolute Austrittsgeschwindigkeit C_{a_2} der zweiten Stufe. Hiernach ergiebt sich graphisch die Einsrittsgeschwindigkeit C_{e_2} der zweiten Stufe, indem

$$C_{e_2} \sin \alpha_{e_2} = C_{a_2}.$$

Für den Zahlenwert von C_{e_2} hat man

$$C_{e_2} = \frac{C_{a_2}}{sin\ \alpha_{e_2}} = \frac{C_{a_2}}{sin\ 18^0} = \frac{C_{a_2}}{0{,}309},$$

woraus

$$C_{e_2} = 3{,}236\ C_{a_2}.$$

Nachdem C_{e_2} graphisch ermittelt ist, ergiebt sich leicht die Grösse von u auf graphischem Wege, indem

$$u = \frac{1}{2}\ C_{e_2}\ cos\ \alpha_{e_2};$$

hieraus ergiebt sich auch der Zahlenwert von u

$$u = \frac{1}{2} \cdot 3{,}236 \cdot C_{a_2} \cdot cos\ 18^0 = \frac{1}{2} \cdot 3{,}236 \cdot 0{,}951 \cdot C_{a_2},$$

woraus

$$u = 1{,}539\ C_{a_2}.$$

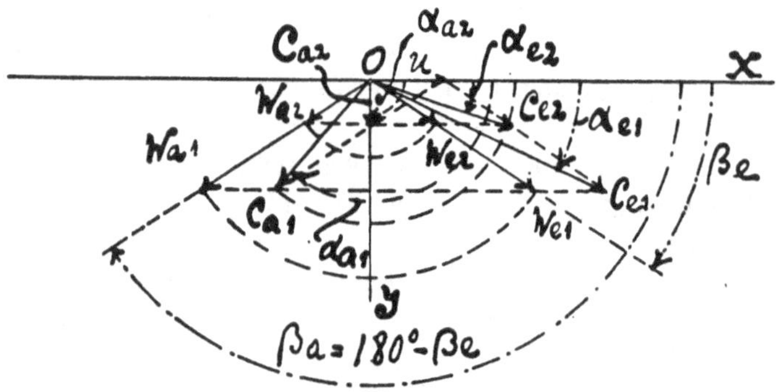

Fig. 7.

Nachdem der Wert von u graphisch gefunden ist, ergibt die Zerlegung von C_{e_2} die Grösse und Richtung der relativen Eintrittsgeschwindigkeit w_{e_2} der zweiten Stufe; der sich hierbei ergebende Neigungswinkel β_{e_2} soll nach unserer Festsetzung von Stufe zu Stufe constant bleiben, also

$$\beta_{e_2} = \beta_{e_1} = \beta_e;$$

der Zahlenwert von β_{e_2} ergiebt sich aus der Beziehung

$$tan\ \beta_{e_2} = 2\ tan\ \alpha_{e_2};$$

daher

$$tan\ \beta_{e_2} = 2\ tan\ 18^0 = 2 \cdot 0{,}325 = 0{,}65,$$

woraus

$$\beta_{e_2} = \beta_{e_1} = \beta_e = 33^0.$$

Da nach unserer Annahme der Austrittswinkel der Drehkanäle die Ergänzung des Eintrittswinkels sein soll, so ist auch die Richtung der relativen Austrittsgeschwindigkeiten bekannt, indem

$$\beta_{a_2} = \beta_{a_1} = \beta_a = 180^0 - \beta_e = 180^0 - 33^0,$$

also

$$\beta_a = 147^0.$$

Der Zahlenwert der relativen Geschwindigkeit $w_{e_2} = w_{a_2} = w_2$ der zweiten Stufe ergiebt sich aus der Grundbeziehung

$$w_{e_2} \sin \beta_e = C_{e_2} \sin \alpha_{e_2},$$

wonach

$$w_{e_2} = C_{e_2} \frac{\sin \alpha_{e_2}}{\sin \beta_e} = 3{,}236 \cdot \frac{0{,}309}{0{,}545} C_{a_2};$$

daher

$$w_{e_2} = w_{a_2} = w_2 = 1{,}835\, C_{a_2}.$$

Für die Grösse der absoluten Austrittsgeschwindigkeit C_{a_1} der ersten Stufe haben wir

$$C_{a_1} = C_{e_2} = 3{,}236\, C_{a_2}.$$

Da wir die Richtung der relativen Austrittsgeschwindigkeit der ersten Stufe ebenso wie die andere Komponente u von C_{a_1} nach Grösse und Richtung kennen, so ergiebt sich graphisch der absolute Ausrittswinkel α_{a_1} von C_{a_1}.

Der Zahlenwert dieses Winkels ergiebt sich nach dem Sinus-Satz aus

$$\sin (\beta_{a_1} - \alpha_{a_1}) = \frac{u \sin \beta_{a_1}}{C_{a_1}} = \frac{1{,}539\, C_{a_2}}{3{,}236\, C_{a_2}} \,.\, 0{,}545,$$

woraus

$$\sin (\beta_{a_1} - \alpha_{a_1}) = 0{,}26,$$

daher

$$\beta_{a_1} - \alpha_{a_1} = 15^0,$$

folglich

$$\alpha_{a_1} = \beta_{a_1} - 15^0 = 147^0 - 15^0 = 132^0.$$

Für den Zahlenwert der relativen Austrittsgeschwindigkeit w_{a_1} der ersten Stufe erhält man nach dem Sinus-Satz

$$w_{a_1} = C_{a_1} \frac{\sin \alpha_{a_1}}{\sin \beta_{a_1}} = 3{,}236 \frac{\sin 132^0}{\sin 147^0} C_{a_2} = \frac{3{,}236 \cdot 0{,}743}{0{,}545} C_{a_2},$$

woraus

$$w_{a_1} = w_{e_1} = w_1 = 4{,}419\, C_{a_2},$$

da nach unserer Annahme die relative Geschwindigkeit innerhalb eines Drehkanals constant ist, also $w_{a_1} = w_{e_1} = w_1$.

Folglich sind die beiden Komponenten w_{e_1} und u der absoluten Eintrittsgeschwindigkeit C_{e_1} nach Grösse und Richtung bekannt und ergeben durch Zusammensetzung die Eintrittsgeschwindigkeit C_{e_1} und den Leitwinkel α_{e_1} der ersten Stufe.

Der Zahlenwert von α_{e_1} ergiebt sich aus den Grundbeziehungen

$$C_{e_1} \cos \alpha_{e_1} = w_{e_1} \cos \beta_{e_1} + u$$

$$C_{e_1} \sin \alpha_{e_1} = w_{e_1} \sin \beta_{e_1},$$

wonach

$$\tan \alpha_{e_1} = \frac{w_{e_1} \sin \beta_{e_1}}{w_{e_1} \cos \beta_{e_1} + u} = \frac{4{,}419 \cdot 0{,}545\, C_{a_2}}{4{,}419 \cdot 0{,}839\, C_{a_2} + 1{,}539\, C_{a_2}} = 0{,}46;$$

hieraus

$$\alpha_{e_1} = 25^0.$$

Der Wert von C_{e_1} ergiebt sich aus

$$C_{e_1} = w_{e_1} \frac{\sin \beta_{e_1}}{\sin \alpha_{e_1}} = 4{,}419 \cdot \frac{0{,}545}{0{,}423}\, C_{a_2},$$

somit

$$C_{e_1} = 5{,}7\, C_{a_2}.$$

Hiernach beträgt der bauliche Wirkungsgrad

$$\varepsilon = \frac{\frac{1}{2} C^2_{e_1} - \frac{1}{2} C^2_{a_2}}{\frac{1}{2} C^2_{e_1}} = 1 - \left(\frac{C_{a_2}}{C_{e_1}}\right)^2 = 1 - \frac{1}{5{,}7^2} = 1 - 0{,}03 = 0{,}97.$$

Somit beträgt der Abfluss an Energie bei der Maximalleistung der zweistufigen Turbine nur $\frac{1}{5{,}7^2} = 3\%$ der disponiblen Energie gegenüber 10% bei der Maximalleistung der einstufigen Turbine.

Der Umfangsdruck pro Masseneinheit beträgt bei der zweiten Stufe

$$\frac{Z_2}{M} = 2\,(C_{e_2} \cos \alpha_{e_2} - u) = 2u = 2 \cdot 1{,}539\, C_{a_2} = 3{,}08\, C_{a_2};$$

bei der ersten Stufe

$$\frac{Z_1}{M} = 2\,(C_{e_1} \cos \alpha_{e_1} - u) = 2\,(5{,}7 \cdot 0{,}906 - 1{,}539)\, C_{a_2} = 7{,}25\, C_{a_2}.$$

Der gesamte Umfangsdruck pro Masseneinheit beträgt daher

$$\Sigma \frac{Z}{M} = \frac{Z_1}{M} + \frac{Z_2}{M} = 7{,}25\, C_{a_2} + 3{,}08\, C_{a_2} = 10{,}33\, C_{a_2}.$$

Es beträgt somit die Arbeitsleistung

$$\Sigma E = n \Sigma Z = 1{,}539\, C_{a_2} \cdot 10{,}33\, C_{a_2}\, M \cdot = 16\, C^2_{a_2}\, M.$$

Auf diese Weise können wir die sämtlichen Grössen einer mehrstufigen Turbine als Zahlenwerte durch die letzte Austrittsgeschwindigkeit als Grundeinheit ausdrücken, wobei wir für die absolute Zuflussgeschwindigkeit C_{e_1} der ersten Stufe auch einen Zahlenfaktor erhalten; durch Division der bekannten Zuflussgeschwindigkeit C_{e_1} durch diesen Zahlenfaktor ergiebt sich der Wert der absoluten Austrittsgeschwindigkeit. Hiernach lassen sich die anderen Grössen ausrechnen.

Im vorliegenden Falle ist der Zahlenfaktor $= 5{,}7$, daher hat man

$$C_{a_2} = \frac{C_{e_1}}{5{,}7};$$

durch Einführung des Zahlenwertes von C_{a_2} in die sämtlichen gefundenen Formeln erhält man die der Eintrittsgeschwindigkeit C_{e_1} entsprechenden Grössen. Andererseits, indem wir die gegebene Grösse von C_{e_1} durch die ihr entsprechende Zeichenstrecke in mm dividieren, erhalten wir den Zeichenmasstab für den gegebenen Fall, hier

$$\frac{C_{e_1}\,\text{ms}}{29{,}5\ \text{mm}} = C_{e_1}\ \text{ms pro mm}.$$

Durch Einführung von

$$C_{a_2} = \frac{C_{e_1}}{5{,}7}$$

in die sämtlichen Formeln, können wir auch alle Grössen in C_{e_1} ausdrücken; wir erhalten:

$$C_{a_2} = \frac{C_{e_1}}{5{,}7} = 0{,}175\, C_{e_1};$$

$$C_{e_2} = 3{,}236 \cdot \frac{C_{e_1}}{5{,}7} = 0{,}57\, C_{e_1};$$

$$u = 1{,}539 \cdot \frac{C_{e_1}}{5{,}7} = 0{,}27\, C_{e_1};$$

$$w_{e_2} = 1{,}835 \cdot \frac{C_{e_1}}{5{,}7} = 0{,}322\, C_{e_1};$$

$$w_{e_1} = 4{,}419 \cdot \frac{C_{e_1}}{5{,}7} = 0{,}775\, C_{e_1};$$

$$\frac{Z_2}{M} = 2u = 0{,}54\, C_{e_1};$$

$$\frac{Z_1}{M} = 7{,}25 \cdot \frac{C_{e_1}}{5{,}7} = 1{,}26\, C_{e_1};$$

$$\Sigma \frac{Z}{M} = \frac{Z_1}{M} + \frac{Z_2}{M} = 1{,}8\, C_{e_1};$$

$$\Sigma E = u \Sigma Z = 0{,}27\, C_{e_1} \cdot 1{,}8\, C_{e_1} \cdot M = 0{,}486\, C_{e_1}^2 .\ M.$$

Gemäss diesen Formeln bestimmen sich die sämtlichen Grössen einer Zweistufenturbine, sobald die Zuflussgeschwindigkeit C_{e_1} und die Zuflussmasse pro Sec. bekannt sind.

Zur Erläuterung wollen wir wegen leichter Übersicht das für die einstufige Turbine behandelte Beispiel für eine zweistufige Turbine ausrechnen.

Es sei eine Dampfmenge von 413 kg pro Stunde bei einer Zuflussgeschwindigkeit von 1090 ms möglichst ökonomisch durch eine Turbine mit zwei Geschwindigkeitsstufen auszunutzen.

Da nach der Aufgabe

$$C_{e_1} = 1090 \text{ ms},$$

so ist

$$C_{a_2} = \frac{C_{e_1}}{5{,}7} = \frac{1090}{5{,}7} = 190 \text{ ms}.$$

Da in der Zeichnung $C_{e_1} = 28{,}5$ mm bzw. $C_{a_2} = 5$ mm, so ist der Zeichenmasstab für den vorliegenden Fall

$$\frac{C_{a_2}}{5} = \frac{190}{5} \cong 38 \text{ ms pro mm}.$$

Die sämtlichen Grössen bestimmen sich daher einerseits mittels der gefundenen Formeln durch Einsetzung des Wertes von C_{a_2} bzw. C_{e_1} und andererseits mittels der zugehörigen Strecken des Diagrammes durch deren Multiplikation mit 38 ms pro mm.

Aus den Formeln mit der Grundeinheit C_{e_1} ergeben sich: Umfangsgeschwindigkeit

$$u = 0{,}27\, C_{e_1} = 0{,}27 \cdot 1090 = 294 \text{ ms};$$

relative Geschwindigkeit der ersten Stufe

$$w_1 = w_{e_1} = w_{a_1} = 0{,}775\, C_{e_1} = 0{,}775 \cdot 1090 = 845 \text{ ms};$$

absolute Austrittsgeschwindigkeit der ersten Stufe oder absolute Eintrittsgeschwindigkeit der zweiten Stufe

$$C_{a_1} = C_{e_2} = 0{,}57\, C_{e_1} = 0{,}57 \cdot 1090 = 621 \text{ ms};$$

relative Geschwindigkeit der zweiten Stufe

$$w_2 = w_{e_2} = w_{a_2} = 0{,}322\, C_{e_1} = 0{,}322 \cdot 1090 = 351 \text{ ms};$$

absolute Austrittsgeschwindigkeit der zweiten Stufe

$$C_{a_2} = 190 \text{ ms};$$

die pro Sec. zufliessende Dampfmasse ist

$$M = \frac{G}{g} = \frac{413 \text{ kg}}{9{,}81 \cdot 60 \cdot 60} = 0{,}012;$$

es beträgt daher der Umfangsdruck der ersten Stufe

$$Z_1 = 1{,}27\, C_{e_1} M = 1{,}26 \cdot 1090 \cdot 0{,}012 = 16{,}5 \text{ kg};$$

der Umfangsdruck der zweiten Stufe beträgt

$$Z_2 = 0{,}54\, C_{e_1} M = 0{,}54 \cdot 1090 \cdot 0{,}012 = 7 \text{ kg};$$

der gesamte Umfangsdruck ist daher

$$\Sigma Z = Z_1 + Z_2 = 16{,}5 + 7 = 23{,}5 \text{ kg};$$

die Arbeitsleistung beträgt

$$\Sigma E = 0{,}485\, M C_{e_1}^2 = 0{,}485 \cdot 1090^2 \cdot 0{,}012 = 6915 \text{ mkgs} = 92 \text{ PS};$$

die Zuflussenergie beträgt

$$\frac{M C_{e_1}^2}{2} = \frac{0{,}012 \cdot 1090^2}{2} = 7129 \text{ mkgs} = 95 \text{ PS};$$

die Abflussenergie beträgt

$$\frac{M C_{a_2}^2}{2} = \frac{0{,}012 \cdot 190^2}{2} = 217 \text{ mkgs} = 2{,}9 \text{ PS} = \sim 3 \text{ PS};$$

der bauliche Wirkungsgrad beträgt

$$\varepsilon = \frac{95 - 3}{95} = \sim 0{,}97.$$

Somit haben wir gegenüber der einstufigen Turbine mit $\varepsilon = 0{,}90$ und $\varepsilon = 0{,}72$:

Umfassungsgeschwindigkeit 294 ms gegenüber 518 bzw. 280 ms;

Arbeitsleistung 92 PS gegenüber 85,5 PS bezw. 68,4 PS;

Arbeitsverlust 3 PS gegenüber 9,5 PS bzw. 26,6 PS.

Somit arbeitet die zweistufige Turbine viel ökonomischer als die einstufige bei ihrer Maximalleistung und nahezu mit derselben Umfangsgeschwindigkeit wie die einstufige Turbine bei $\varepsilon = 0{,}72$.

Da der Kraftstrom im Zweistufensystem seine absolute und relative Geschwindigkeit von Stufe zu Stufe vermindert, so muss man die Leit- und Drehkanalquerschnitte von Stufe zu Stufe, entsprechend dem pro Sec. durchfliessenden Dampfvolumen = Querschnitt mal Geschwindigkeit, vergrössern, was bei axialbeaufschlagten Mehrkranzturbinen durch Kanalerweiterung in der radialen Richtung der Turbinen geschieht. Die rechnerische Bestimmung der Kanalquerschnitte soll später mit einem Male für alle Turbinenarten behandelt werden.

Wie aus dem obigen zu ersehen ist, lässt das Zweistufensystem in bezug auf Wirtschaftlichkeit nahezu nichts zu wünschen übrig, da der Ausflussverlust nur 3% der verfügbaren Energie ausmacht; ungünstig ist dagegen die noch immer bedeutende Umfangsgeschwindigkeit

$$u = 0{,}27\, C_{e_1},$$

weil C_{e_1} in der Praxis von 800 bis 1200 ms beträgt, folglich u von 216 bis 324 ms ausmacht, was im Allgemeinen wegen zufälliger Explosion gefährlich ist und in sehr vielen Fällen der Praxis wegen der Notwendigkeit einer entsprechend hohen Drehzahl bei gedrungenem Bau zu Unbequemlichkeiten führt. In solchen Fällen muss man zu einer Turbine mit mehr als zwei Stufen übergehen.

Die Behandlung von Aufgaben über Turbinen mit mehr als zwei Stufen kann nach dem angewandten Zurückgangs-Verfahren geschehen, sowohl zeichnerisch als rechnerisch. Das Verfahren ist jedoch, ebenso wie das Wesen der Mehrkranzabstufung, etwas umständlich und muss reduziert und vereinfacht werden, ebenso wie die Mehrkranz-Geschwindigkeitsabstufung vereinfacht und auf die Einkranz-Geschwindigkeitsabstufung reduziert worden ist.

Das Wesen der Mehrkranz-Geschwindigkeitsabstufung besteht in der Hintereinanderschaltung mehrerer Drehkränze zur Nutzbarmachung der hohen Dampfgeschwindigkeit bei einer verhältnissmässig niedrigen Umfangsgeschwindigkeit, während die Einkranz-Geschwindigkeitsabstufung denselben Zweck durch Hintereinanderschaltung von Drehkanälen desselben Drehkranzes erreicht; dies hat den Vorzug der Einfachheit und der relativen Vollkommenheit und entspricht dem Naturprinzip, alles Überflüssige wegzulassen und nur das organisch Wesentliche und Notwendige zu behalten, so dass durch möglichst kleine Mittel möglichst grosse Effekte erzielt werden. Jedoch lässt sich das Vollkommene, wie in jeder Evolution, stufenweise erreichen.

Deshalb ist es ratsam, wie es hier geschieht, die einzelnen Entwickelungsphasen der Dampfturbine zu analysieren, um dann zuletzt das Problem im Grossen und Ganzen um so präziser fassen und lösen zu können. Andererseits muss die Theorie die üblichen Dampfturbinentypen berücksichtigen; dieselben, noch chaotisch und mannigfach in der ersten Entwicklungszeit, haben eine gemeinsame zielbewusste Tendenz, durch allmähliches Wegwerfen des Überflüssigen, durch Anpassung an die Natur des gemeinsamen Kraftstromes und durch harmonische Organisation entsprechend den gemeinsamen praktischen Zwecken sich einheitlich zu gestalten und nur individuelle Unterschiede aufzuweisen.

Die Dampfturbine hat auch Manches den Wasserturbinen entlehnt; was jedoch für Wasserturbinen passt, braucht nicht für Dampfturbinen zu passen, so dass mit der Zeit auch das Fremdartige vom Dampfturbinenbau wegfallen und nur das Eigenartige bestehen bleiben wird.

Hierher gehört die Frage, ob man den Dampfstrahl wie in Freistrahlwasserturbinen mit ganz freiem Rücken arbeiten lassen darf, wie das in Dampfturbinen mit Pelton- und Taschen-Zellen noch geschieht. Bei ein- und zweistufigen Turbinen kann der Dampfstrahl noch ungestört frei arbeiten; dagegen bei einer Vermehrung der Stufenzahl muss der Strahl zwangläufig durch entsprechend dimensionierte Kanäle geführt werden, um sich nicht zu zerstreuen, während im wesentlichen der Arbeitsprozess des Dampfes derselbe bleibt. Solche Turbinen können passend, zum Unterschied von Freistrahlturbinen, als Zwangstrahlturbinen bezeichnet werden.

Fig. 8 stellt eine solche Einkranz-Zwangstrahlturbine mit 3 Geschwindigkeitsstufen dar. Das innere Rad trägt den Drehkranz mit U-förmigen Drehkanälen; der den Drehkranz umgebende Leitkranz enthält, zur Ausnutzung des Drehkranz-Umfanges, 4 Gruppen von Leitkanälen. In jeder Gruppe windet sich der eintretende Dampfstrahl zwangläufig durch U-förmige Dreh- und Leitkanäle dreimal spiralförmig, entsprechend den drei Geschwindigkeitsstufen, und strömt nach Arbeitsabgabe ab. Die einzelnen 4 Gruppen werden unter einander parallel geschaltet und können je nach der Belastung einzeln aus- und eingeschaltet werden.

Fig. 9 zeigt schematisch eine solche Gruppe von Leitkanälen mit gegenüberliegenden Drehkanälen, mit denen sie ein Windungssystem von 3 Geschwindigkeits-Wendestufen bilden. Die **U**-förmigen Drehkanäle sind alle gleichartig und unter einem gemeinsamen Winkel β_e gegen den Umfang geneigt; derselbe soll, ebenso wie die Leitwinkel, erst nach einer vorläufigen speziellen Analyse der individuellen Natur der Anordnung festgesetzt werden. Zur Erleichterung der graphischen Behandlung nehmen wir den Masstab der Geschwindigkeiten so an, dass die schematische Umfangseinteilung gleich

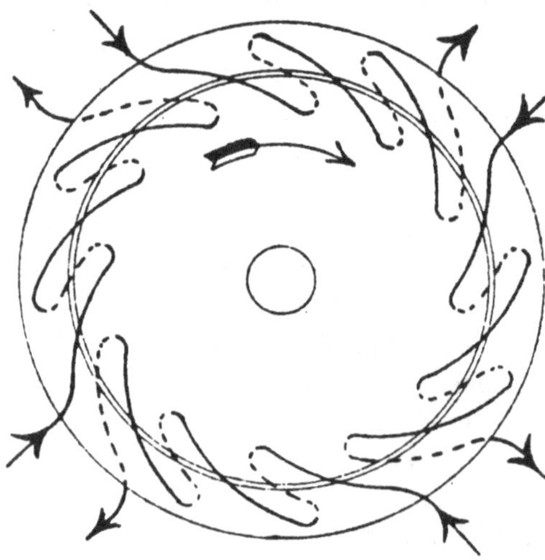

Fig. 8.

der Umfangsgeschwindigkeit u ist. Der im Punkte e_1 mit der absoluten Geschwindigkeit C_{e_1} zufliessende Dampfstrahl muss nach der bekannten Bedingung des stossfreien Eintrittes durch den Leitkanal so gerichtet sein, dass nach Zerlegung von C_{e_1} in zwei Komponenten, von denen die eine gleich u ist, die andere Komponente tangential in den Drehkanal eintritt. Hiernach ergibt das Parallelogrammgesetz sowohl den Neigungswinkel α_{e_1} von C_{e_1}, also den ersten Leitwinkel, als auch die Grösse w_{e_1} der ersten relativen Eintrittsgeschwindigkeit. Da die Bewegungswiderstände des Strahles nicht berücksichtigt werden, so durchläuft der Dampfstrahl den Drehkanal mit unveränderlicher relativer Geschwindigkeit w_e und tritt mit derselben relativen Geschwindigkeit $w_{e_1} = w_e = w_{a_1}$ aus. Fügt man zu der relativen Austrittsgeschwindigkeit des Strahles die andere Geschwindigkeitskomponente desselben u hinzu, so erhält man die absolute Austrittsgeschwindigkeit C_{a_1} nach Grösse und Richtung, welche letztere den Winkel des zugehörigen Leitkanalschenkels bestimmt. Da wieder die Bewegungswiderstände auch im Leitkanal vernachlässigt werden sollen, so leitet derselbe den Dampfstrahl mit unveränderter absoluter Geschwindigkeit $C_{a_1} = C_{e_2}$ in einen anderen Drehkanal, wobei die Richtung der absoluten Zuflussgeschwindigkeit C_{e_2}, also auch der Winkel α_{e_2} des zugehörigen Leitkanalschenkels nach der Bedingung des stossfreien Eintrittes, ebenso wie beim ersten Drehkanal, sich nach dem Parallelogrammgesetz ergibt. Da sich das Spiel von Windung zu Windung wiederholt, so ergeben sich auf dieselbe Weise die relativen und absoluten Geschwindigkeiten sowie die zugehörigen Leitwinkel nach einander von Windung zu Windung. Nachdem der Strahl drei Windungen durchlaufen hat, strömt derselbe mit der absoluten Geschwindigkeit C_{a_3} ab.

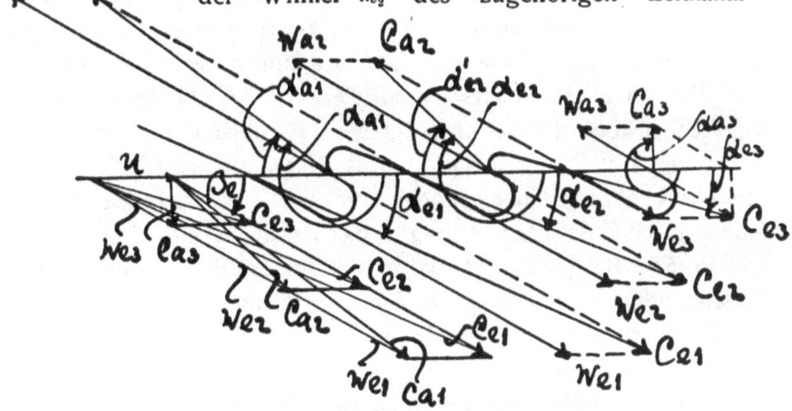

Fig. 9.

Um praktische Aufgaben mit Leichtigkeit lösen zu können, wollen wir das graphische Verfahren mit den vielen Parallelogrammen möglichst vereinfachen, sowie die Geschwindigkeits- und Leitwinkeländerung von Windung zu Windung formulieren.

Indem man die 6 Parallelogramme von e_1 aus angefangen zusammen vergleicht, so findet man, dass die beiden Parallelogramme am Ein- und Austritt eines jeden Drehkanals identisch sind; darin stellen zwei Gegenseiten die relative Geschwindigkeit im Drehkanal dar, die zwei anderen Gegenseiten sind parallel und gleich der Umfangsgeschwindigkeit u. Ferner stellt die grosse Diagonale die absolute Eintrittsgeschwindigkeit dar und die kleine Diagonale die absolute Austrittsgeschwindigkeit desselben Drehkanals, während endlich die kleine Diagonale in jedem Parallelogrammpaare als grosse Diagonale im folgenden Parallelogrammpaare dient, entsprechend der Grundidee der Geschwindigkeitsabstufung. Demnach kann man die sämtlichen Parallelogramme nach der eben ermittelten Gesetzmässigkeit nach einander samt ihren Diagonalen in ein einziges Parallelogramm einzeichnen, wie dies auf der linken Seite geschehen ist. Der so erhaltene Geschwindigkeits-Stufenleiter zeigt übersichtlich sowohl die Geschwindigkeits- als auch die Leitwinkel-Änderung von Stufe zu Stufe. Das Diagramm lässt sich noch übersichtlicher gestalten, indem man sich eines Doppelstufenleiters durch Zusammenstellung zweier Parallelogramme bedient, wie in Fig. 10 gezeigt ist, worin die Änderung der absoluten Geschwindigkeit von Stufe zu Stufe in Bezug auf ihre Gesetzmässigkeit deutlich zu ersehen ist.

Zu dem Geschwindigkeitsstufenleiter lässt sich leicht ein Diagramm für den Schaufeldruck pro Masseneinheit von Stufe zu Stufe einzeichnen, ebenso die zugehörige Arbeitsleistung pro Masseneinheit.

Für den Schaufeldruck pro Masseneinheit infolge der Zwangwirkung haben wir

$$\frac{Z_1}{M} = Z_1' = 2w_1 \cos \beta_e; \quad \frac{Z_2}{M} = Z_2' = 2w_2 \cos \beta_e; \quad \frac{Z_3}{M} = Z_3' = 2w_3 \cos \beta_e.$$

Deshalb repräsentieren die Projektionen von w_1, w_2 und w_3 auf die Richtungslinie von u die halben Schaufeldrücke pro Masseneinheit; deren Multiplikation mit der Umfangsgeschwindigkeit u ergiebt die halbe Arbeit pro Masseneinheit in der zugehörigen Stufe als Rechteck aus $\frac{1}{2} Z'$ und u.

Da die gesamte disponible Arbeit pro Masseneinheit $= \frac{C_{e_1}^2}{2} = C_{e_1} \cos \alpha_{e_1} \cdot \frac{C_{e_1}}{2 \cos \alpha_{e_1}}$ ist, so kann man dieselbe leicht im Diagramm durch ein Rechteck darstellen. Da die Stufenarbeiten im Diagramm zu verdoppeln sind, so repräsentiert im vorliegenden Falle der obere schmale Streifen den Arbeitsverlust infolge der absoluten Abflussgeschwindigkeit C_{a_3}. Durch Vergleich der Strecke von C_{e_1} mit der gegebenen Grösse der absoluten Zuflussgeschwindigkeit des Dampfes ergiebt sich der Zeichenmasstab des Diagrammes.

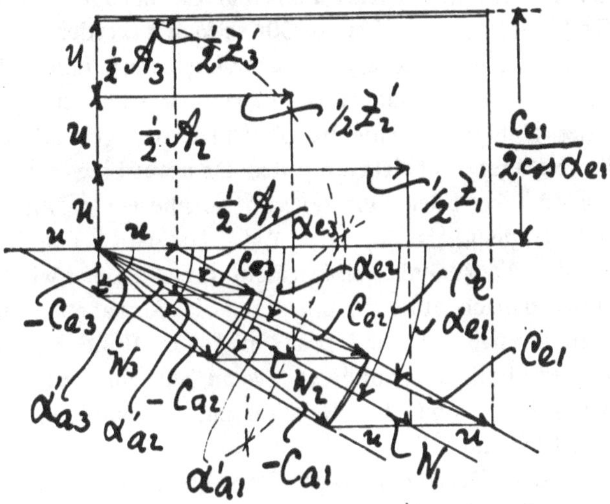

Fig. 10.

Nun wollen wir noch die Geschwindigkeitsabstufung analytisch formulieren.

Um dazu eine feste Grundlage zu gewinnen, müssen wir die Winkelverhältnisse genau in Betracht ziehen und dieselben passend regeln. Da im Einkranzsystem die sämtlichen Drehkanäle schon nach der Natur der Sache dieselbe Neigung am Ein- bzw. Austritt haben und wir zur Einfachheit auch die Ein- und Austrittsneigungen gegen den Umfang unter einander gleich angenommen haben, so hat der ganze Drehkranz einen einzigen unveränderlichen Winkel β_e; es ist daher nicht mehr ratsam, denselben von den Leitkanalwinkeln abhängig zu machen, welche von Stufe zu Stufe veränderlich sind. Vielmehr müssen wir den Drehkranzwinkel von vornherein passend wählen und danach die Leitkanäle bestimmen, umsomehr als, wie wir im Zweistufensystem gesehen, die Abfluss-Energie bei der Maximalleistung sehr gering ist und daher keine Notwendigkeit vorhanden ist, im Mehrstufensystem ganz genau an der Bedingung der Maximalleistung festzuhalten. Indem wir den letzten Leitwinkel $= 18^0$ gewählt haben, haben wir nach der Bedingung der Maximalleistung den Drehkranzwinkel $\beta_e = 33^0$ gefunden. Wir können nun den Winkel 18^0 für den letzten Leitkanal ev. behalten, doch kann der Drehkranzwinkel auf rund 30^0 reduziert werden; hierdurch wird zwar die Abflussenergie etwas vergrössert, dafür aber die Umfangsgeschwindigkeit vermindert, welche nach Sicherung der Dampfökonomie hauptsächlich massgebend ist und in der weiteren Entwickelung der Dampfturbine eine Hauptrolle spielt. Nachdem wir so von vornherein β_e für das betreffende System als für alle Male konstant erwählt haben, wollen wir die analytischen Formeln für die Geschwindigkeitsabstufung danach ableiten, um praktische Aufgaben rechnerisch lösen zu können. Da sich das Spiel von Windung zu Windung wiederholt, so genügt es, wenn wir eine Windung genau analysieren und ihre Relation zur nächstfolgenden Windung feststellen.

Aus dem Geschwindigkeits-Doppelleiter (Fig. 10) erhalten wir ohne Weiteres die Relation

$$w_1 - w_2 = 2u \cos \beta_e,$$

also

$$w_2 = w_1 - 2u \cos \beta_e, \qquad (20)$$

d. h.: Die relative Eintritts-Geschwindigkeit nimmt von Stufe zu Stufe um dieselbe Grösse ab, und zwar um die Projektion der doppelten Umfangsgeschwindigkeit auf die gemeinsame Richtung der relativen Eintrittsgeschwindigkeiten.

Projiziert man im Geschwindigkeitsdoppelleiter (Fig. 10) die absoluten Eintrittsgeschwindigkeiten C_{e_1} und C_{e_2} auf die gemeinsame Richtung der relativen Eintrittsgeschwindigkeiten und senkrecht dazu, so erhält man

$$C_{e_2} \cos(\beta_e - \alpha_{e_2}) = C_{e_1} \cos(\beta_e - \alpha_{e_1}) - 2u \cos \beta_e; \qquad (21)$$

$$C_{e_2} \sin(\beta_e - \alpha_{e_2}) = C_{e_1} \sin(\beta_e - \alpha_{e_1}) = u \sin \beta_e. \qquad (22)$$

Indem man die einzelnen Glieder der ersten Gleichung (21) durch die untereinander gleichen Ausdrücke der zweiten Gleichung (22) teilt, erhält man

$$\cot(\beta_e - \alpha_{e_2}) = \cot(\beta_e - \alpha_{e_1}) - 2 \cot \beta_e. \qquad (23)$$

Die Gleichungen (21) und (22) drücken zusammen das Prinzip der Änderung der absoluten Eintrittsgeschwindigkeit von Stufe zu Stufe aus, nämlich: Die Projektion der absoluten Eintrittsgeschwindigkeit auf die Richtung der relativen Eintrittsgeschwindigkeit nimmt von Stufe zu Stufe um die doppelte Projektion der Umfangsgeschwindigkeit auf dieselbe Richtung ab, während die senkrechte Komponente von Stufe zu Stufe konstant = der senkrechten Komponente der Umfangsgeschwindigkeit ist.

Endlich Gl. (23) drückt die Leitwinkel-Änderung von Stufe zu Stufe aus.

Die gefundenen Gleichungen drücken die Verkettung der Stufen aus und können deshalb als Grundformeln zur Lösung von Aufgaben sowie zur Ausrechnung einzelner Grössen von Stufe zu Stufe benutzt werden.

Wir wollen noch innerhalb derselben Stufe den Zusammenhang zwischen der absoluten Ein- und Austrittsgeschwindigkeit und ihren Neigungswinkeln formulieren.

Wie aus Fig. 9 zu ersehen ist, sind die Neigungswinkel sowohl der relativen als auch der absoluten Austrittsgeschwindigkeit beim Einkranzsystem verschieden von denen des Mehrkranzsystems. Da wir nämlich wegen der mathematischen Präzision der Analyse alle Winkel von *u* aus positiv im Uhrzeigersinn rechnen, so sind hier die Austrittswinkel über 180°, während sie dort unter 180° waren; da aber

$$\cos(180^0 + \beta_e) = \cos(180^0 - \beta_e) = -\cos \beta_e,$$

so bleiben die bezüglichen Formeln unverändert dieselben, während dagegen

$$sin\,(180^0 + \beta_e) = -\,sin\,\beta_e = -\,sin\,(180^0 - \beta_e)$$

nur die Umkehr des Sinnes der zu u senkrechten Komponente ausdrückt, welche übrigens in den Formeln keine direkte Rolle spielt.

Analog verhält es sich mit dem Neigungswinkel der absoluten Austrittsgeschwindigkeit in jeder Stufe.

Setzt man

$$\alpha_{a_1} - 180^0 = \alpha_{a_1}', \tag{24}$$

so erhält man nach dem Geschwindigkeitsdoppelleiter (Fig. 10)

$$C_{a_1}\,cos\,(\alpha'_{a_1} - \beta_e) = C_{e_1}\,cos\,(\beta_e - \alpha_{e_1}) - 2u\,cos\,\beta_e; \tag{25}$$

$$C_{a_1}\,sin\,(\alpha'_{a_1} - \beta_e) = C_{e_1}\,sin\,(\beta_e - \alpha_{e_1}) = u\,sin\,\beta_e. \tag{26}$$

Indem man die Glieder der ersten Gleichung durch die untereinander gleichen Ausdrücke der zweiten Gleichung dividiert, so erhält man

$$cot\,(\alpha'_{a_1} - \beta_e) = cot\,(\beta_e - \alpha_{e_1}) - 2\,cot\,\beta_e. \tag{27}$$

Hierzu hat man noch nach dem Doppelleiter

$$\alpha'_{a_1} - \beta_e = \beta_e - \alpha_{e_2};\quad C_{a_1} = C_{e_2}. \tag{28}$$

Die Gleichungen (20) bis (28) drücken das Wesen der mehrfachen Geschwindigkeitsabstufung aus und können als Grundformeln zur Berechnung von Turbinen mit beliebiger Geschwindigkeits-Stufenzahl verwendet werden.

Zur Erläuterung wollen wir dieselben auf die in Frage stehende drei-stufige Turbine anwenden, unter der Voraussetzung, es sei C_{e_1} gegeben und die beiden Winkel β_e und α_{e_3} seien von vornherein angenommen.

Nach (23) haben wir

$$cot\,(\beta_e - \alpha_{e_2}) = cot\,(\beta_e - \alpha_{e_1}) - 2\,cot\,\beta_e; \tag{23}$$

analog haben wir

$$cot\,(\beta_e - \alpha_{e_3}) = cot\,(\beta_e - \alpha_{e_2}) - 2\,cot\,\beta_e; \tag{29}$$

nach gliedweiser Addition der beiden Gleichungen erhalten wir

$$cot\,(\beta_e - \alpha_{e_3}) = cot\,(\beta_e - \alpha_{e_1}) - 4\,cot\,\beta_e$$

oder

$$cot\,(\beta_e - \alpha_{e_1}) = cot\,(\beta_e - \alpha_{e_3}) + 4\,cot\,\beta_e; \tag{30}$$

dazu nach (29)

$$cot\,(\beta_e - \alpha_{e_2}) = cot\,(\beta_e - \alpha_{e_3}) + 2\,cot\,\beta_e. \tag{29'}$$

Durch diese beiden Gleichungen lassen sich die Leitwinkel α_{e_1} und α_{e_2} mittels β_e und α_{e_3} bestimmen.

Ähnliche Gleichungen erhalten wir nach (27) für die Austrittswinkel.

Wir haben

$$cot\,(\alpha'_{a_1} - \beta_e) = cot\,(\beta_e - \alpha_{e_1}) - 2\,cot\,\beta_e;$$

analog erhalten wir

$$cot\,(\alpha'_{a_2} - \beta_e) = cot\,(\beta_e - \alpha_{e_2}) - 2\,cot\,\beta_e, \qquad (31)$$

$$cot\,(\alpha'_{a_3} - \beta_e) = cot\,(\beta_e - \alpha_{e_3}) - 2\,cot\,\beta_e. \qquad (32)$$

Für α'_{a_1} hat man auch nach (28)

$$\alpha'_{a_1} = 2\beta_e - \alpha_{e_2} \qquad (33)$$

und in analoger Weise

$$\alpha'_{a_2} = 2\beta_e - \alpha_{e_3}. \qquad (34)$$

Übrigens könnte man α'_{a_1} auch direkt durch Kombination von (27) und (30) bestimmen, da

$$cot\,(\alpha'_{a_1} - \beta_e) = cot\,(\beta_e - \alpha_{e_3}) + 2\,cot\,\beta_e. \qquad (35)$$

Demnach sind die sämtlichen Winkel durch die beiden Winkel β_e und α_{e_3} ausgedrückt.

Nach (22) hat man für die Umfangsgeschwindigkeit

$$u = C_{e_1}\,\frac{sin\,(\beta_e - \alpha_{e_1})}{sin\,\beta_e}\,. \qquad (36)$$

Für die absoluten Eintrittsgeschwindigkeiten haben wir nach (21)

$$C_{e_2}\,cos\,(\beta_e - \alpha_{e_2}) = C_{e_1}\,cos\,(\beta_e - \alpha_{e_1}) - 2u\,cos\,\beta_e;$$

in analoger Weise

$$C_{e_3}\,cos\,(\beta_e - \alpha_{e_3}) = C_{e_2}\,cos\,(\beta_e - \alpha_{e_2}) - 2u\,cos\,\beta_e.$$

Die Addition der bèiden Gleichungen ergiebt

$$C_{e_3}\,cos\,(\beta_e - \alpha_{e_3}) = C_{e_1}\,cos\,(\beta_e - \alpha_{e_1}) - 4u\,cos\,\beta_e. \qquad (37)$$

Für die absolute Austrittsgeschwindigkeit der dritten Stufe erhalten wir

$$C_{a_3}\,cos\,(\alpha'_{a_3} - \beta_e) = C_{e_3}\,cos\,(\beta_e - \alpha_{e_3}) - 2u\,cos\,\beta_e;$$

daher nach (37)

$$C_{a_3}\,cos\,(\alpha'_{a_3} - \beta_e) = C_{e_1}\,cos\,(\beta_e - \alpha_{e_1}) - 6u\,cos\,\beta_e. \qquad (38)$$

Für die relative Geschwindigkeit der ersten Stufe hat man nach dem Geschwindigkeits-Doppelleiter (Fig. 10)

$$w_1 = C_{e_1} \cos (\beta_e - \alpha_{e_1}) - u \cos \beta_e; \tag{39}$$

dazu hat man nach (20)

$$w_2 = w_1 - 2u \cos \beta_e; \quad w_3 = w_2 - 2u \cos \beta_e. \tag{40}$$

Unter der Annahme von

$$\beta_e = 30^0 \text{ und } \alpha_{e_3} = 18^0$$

können wir nun die Dreistufen-Anordnung bis auf C_{e_1} ausrechnen sowie dieselbe mittels der graphischen Zurückgangs-Methode bis auf die Grösse des Zeichenmasstabes bestimmen. Die graphische Bestimmung, sei es mittels eines Geschwindigkeits-Doppelleiters (Fig. 11), sei es durch schematische Konstruktion (Fig. 12), ist leicht verständlich. Wir wollen daher nur noch die Grössen nach den Formeln ausrechnen.

Wir erhalten nach (29′)

$$\cot (\beta_e - \alpha_{e_2}) = \cot (\beta_e - \alpha_{e_3}) + 2 \cot \beta_e = \cot (30^0 - 18^0) + 2 \cot 30^0$$
$$= \cot 12^0 + 2 \cdot 1{,}732 = 4{,}705 + 3{,}464 = 8{,}169;$$

daher

$$\beta_e - \alpha_{e_2} = 7^0;$$

somit

$$\alpha_{e_2} = \beta_e - 7^0 = 30^0 - 7^0 = 23^0.$$

Nach (30) haben wir

$$\cot (\beta_e - \alpha_{e_1}) = \cot (\beta_e - \alpha_{e_3}) + 4 \cot \beta_e = 8{,}169 + 3{,}464 = 11{,}633;$$

daher

$$\beta_e - \alpha_{e_1} = 5^0;$$

somit

$$\alpha_{e_1} = \beta_e - 5^0 = 30^0 - 5^0 = 25^0.$$

Nach (33) hat man

$$\alpha'_{a_1} = 2\beta_e - \alpha_{e_2} = 2 \cdot 30^0 - 23^0 = 37^0;$$

also

$$\alpha_{a_1} = 180^0 + \alpha'_{a_1} = 180^0 + 37^0.$$

Nach (34) hat man

$$\alpha'_{a_2} = 2\beta_e - \alpha_{e_3} = 2 \cdot 30^0 - 18^0 = 42^0;$$

also

$$\alpha_{a_2} = 180^0 + \alpha'_{a_2} = 180^0 + 42^0.$$

Nach (32) hat man

$$cot\,(\alpha'_{a_3} - \beta_e) = cot\,(\beta_e - \alpha_{e_3}) - 2\,cot\,\beta_e = cot\,(30^0 - 18^0) - 2\,cot\,30^0$$
$$= cot\,12^0 - 2 \cdot 1{,}732 = 4{,}705 - 3{,}464 = 1{,}241;$$

daher

$$\alpha'_{a_3} - \beta_e = 39^0;$$

somit

$$\alpha'_{a_3} = \beta_e + 39^0 = 30^0 + 39^0 = 69^0;$$

also

$$\alpha_{a_3} = 180^0 + \alpha'_{a_3} = 180^0 + 69^0.$$

Nach (36) hat man

$$u = C_{e_1} \frac{sin\,(\beta_e - \alpha_{e_1})}{sin\,\beta_e} = \frac{sin\,(30^0 - 25^0)}{sin\,30^0} C_{e_1} =$$
$$= \frac{sin\,5^0}{sin\,30^0} C_{e_1} = \frac{0{,}08716}{0{,}5} C_{e_1} = 0{,}1743\,C_{e_1}.$$

Nach (38) hat man

$$C_{a_3} \cos\,(\alpha'_{a_3} - \beta_e) = C_{e_1} \cos\,(\beta_e - \alpha_{e_1}) - 6u \cos\,\beta_e;$$

folglich

$$C_{a_3} = \frac{C_{e_1} \cos\,(30^0 - 25^0) - 6 \cdot 0{,}1743\,C_{e_1} \cdot \cos\,30^0}{\cos\,(69^0 - 30^0)} =$$
$$= \frac{\cos\,5^0 - 1{,}046\,\cos\,30^0}{\cos\,39^0} C_{e_1} = \frac{0{,}996 - 1{,}046 \cdot 0{,}866}{0{,}777} C_{e_1} =$$
$$= 0{,}116\,C_{e_1}.$$

Der bauliche Wirkungsgrad ist daher

$$\varepsilon = 1 - \left(\frac{C_{a_3}}{C_{e_1}}\right)^2 = 1 - 0{,}116^2 = 1 - 0{,}013 = 0{,}987.$$

Nach (39) hat man

$$w_1 = C_{e_1} \cos\,(\beta_{e_1} - \alpha_{e_1}) - u \cos\,\beta_e =$$
$$= C_{e_1} \cos\,(30^0 - 25^0) - 0{,}1743\,C_{e_1} \cos\,30^0 =$$
$$= (0{,}996 - 0{,}1743 \cdot 0{,}866)\,C_{e_1} = 0{,}845\,C_{e_1}.$$

Nach (40) hat man

$$w_2 = w_1 - 2u \cos\,\beta_e = 0{,}845\,C_{e_1} - 0{,}302\,C_{e_1} = 0{,}543\,C_{e_1};$$
$$w_3 = w_2 - 2u \cos\,\beta_e = (0{,}543 - 0{,}302)\,C_{e_1} = 0{,}241\,C_{e_1}.$$

Der Umfangsdruck pro Masseneinheit beträgt

$$\Sigma \frac{Z}{M} = \frac{Z_1}{M} + \frac{Z_2}{M} + \frac{Z_3}{M} = 2\,(w_1 + w_2 + w_3) \cos\,\beta_e =$$
$$= 2\,(0{,}845 + 0{,}543 + 0{,}241)\,C_{e_1} \cos\,30^0 =$$
$$= 2 \cdot 1{,}629 \cdot 0{,}866\,C_{e_1} = 2{,}822\,C_{e_1}.$$

Die Arbeitsleistung pro Masseneinheit beträgt daher

$$\Sigma \frac{E}{M} = u \Sigma \frac{Z}{M} = 0{,}1743 \cdot 2{,}822\,C^2_{e_1} = 0{,}492\,C^2_{e_1}.$$

Da die disponible Energie pro Masseneinheit . $0{,}5\ C^2_{e_1}$ beträgt, so ergiebt sie mit $\varepsilon = 0{,}987$

$$0{,}5\ C^2_{e_1} \cdot 0{,}987 = 0{,}493\ C^2_{e_1},$$

was mit dem Zahlenwert von $u \Sigma \frac{Z}{M}$ übereinstimmt.

Zahlenbeispiel. Es seien wieder

$$C_{e_1} = 1090 \text{ und } M = 0{,}012.$$

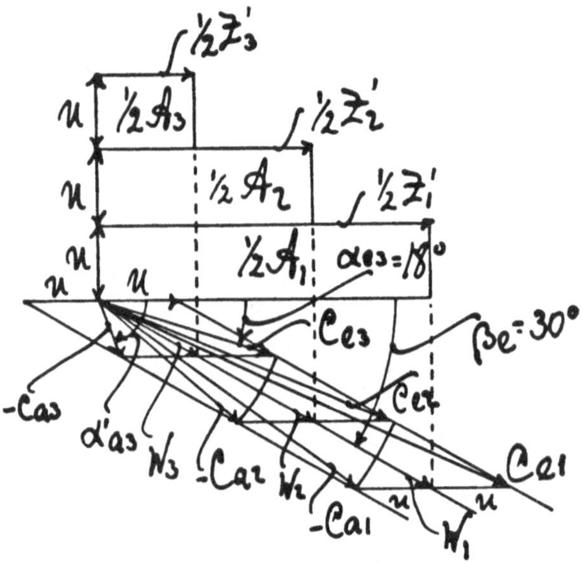

Fig. 11.

Man erhält die Hauptgrössen, indem man die Werte von C_{e_1} und M in die abgeleiteten Ausdrücke einsetzt,

$$u = 0{,}174 \cdot 1090 = 190 \text{ ms};$$
$$C_{a_3} = 0{,}116 \cdot 1090 = 126 \text{ ms};$$
$$\frac{MC^2_{a_3}}{2} = \frac{0{,}012 \cdot 126^2}{2} = 95 \text{ mkgs} = 1{,}3 \text{ PS};$$
$$\Sigma Z = 0{,}012 \cdot 2{,}822 \cdot 1090 = 37 \text{ kg};$$
$$\Sigma E = u \Sigma Z = 190 \cdot 37 = 7030 \text{ mkgs} = 93{,}7 \text{ PS}.$$

In ähnlicher Weise ergeben sich die übrigen Grössen.

Zur Verifikation der so ausgerechneten Zahlenwerte kann man die graphische Lösung (Fig. 11 und 12) benutzen, indem man mittels Division von $C_{e_1} = 1090$ durch die zugehörige Zeichenstrecke in mm den Zeichenmasstab bestimmt; man hat 1090 ms : 59 mm = ca. 18,5 ms pro mm, wodurch sich alle Grössen annähernd bestimmen lassen.

Da die absoluten und die relativen Geschwindigkeiten sich von Stufe zu Stufe vermindern, so müssen die Dampfwege demgemäss von Stufe zu Stufe erweitert werden. Bei dem vorliegenden Einkranzsystem wird dies dadurch erreicht, dass die Leitkanäle bei gleich bleibenden Drehkanälen sich von Stufe zu Stufe erweitern und so den verlangsamten aus-

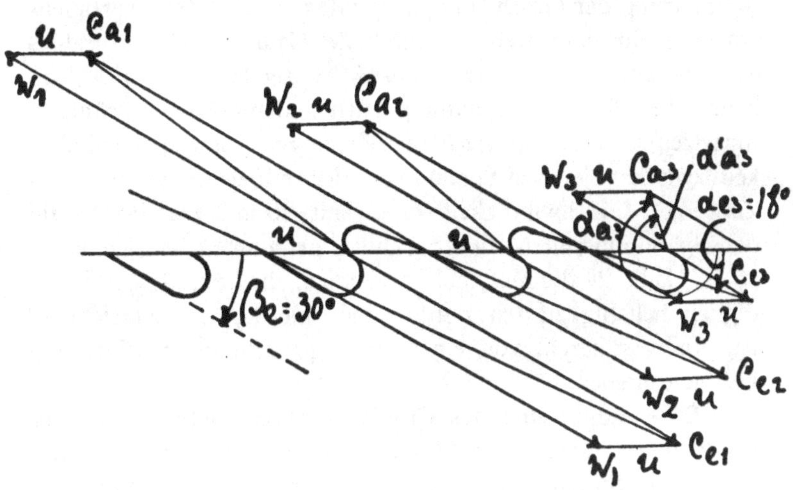

Fig. 12.

gebreiteten Dampfstrom zu einer grösseren Anzahl von Drehkanälen zuführen. Hierauf sowie auf die Berechnung der Kanalquerschnitte soll später näher eingegangen werden.

Wir wollen nun das Dreistufensystem mit dem Zweistufensystem in Bezug auf die Hauptergebnisse zusammen vergleichen. Das Dreistufensystem hat eine Umfangsgeschwindigkeit von 190 ms bei einer Arbeitsleistung von 93,7 PS gegen eine Umfangsgeschwindigkeit von 294 ms im Zweistufensystem bei einer Arbeitsleistung von 92 PS, während in beiden die disponible Energie 95 PS mit $\varepsilon = \sim 0{,}99$ im Dreistufensystem und $\varepsilon = \sim 0{,}97$ im Zweistufensystem beträgt.

Folglich arbeitet das Dreistufensystem mit weit geringerer Umfangsgeschwindigkeit bei einem günstigeren baulichen Wirkungsgrad als das Zweistufensystem. Jedoch ist die Umfangsgeschwindigkeit für die gewöhnlichen Zwecke der Praxis und nach den üblichen Sicherheitsgraden der Materialbeanspruchung noch immer viel zu hoch, so dass auch das Dreistufensystem nur auf passende Gebiete rechnen kann.

Behufs weiterer Reduzierung der Umfangsgeschwindigkeit muss also wieder die Stufenzahl erhöht werden. Nun ist die Vermehrung der Geschwindigkeitsstufen je nach dem Turbinensystem mehr oder weniger durch die Natur des Dampfstrahles eingeschränkt, indem derselbe sich zu zerstreuen sucht. Man kann aber die Dampfspannung auch stufenweise in Strömung umsetzen und die so erhaltene kleine Strömungsgeschwindigkeit zwischen je zwei Spannungsstufen mittels einer passenden Zahl von Geschwindigkeitsstufen ausnutzen. Da die Anzahl der Spannungsstufen beliebig hoch genommen werden kann, so ist dadurch die Möglichkeit geboten, die Umfangsgeschwindigkeit beliebig zu reduzieren oder, was konstruktiv richtiger ist, von vornherein von einer zulässigen Umfangsgeschwindigkeit auszugehen.

Dass die Lösung des Problems durch Geschwindigkeitsstufen allein gemäss den üblichen Umfangsgeschwindigkeiten zu hohen Stufenzahlen führt, kann man leicht durch das Prinzip der Geschwindigkeitsänderung beweisen.

Wir haben für ζ Geschwindigkeitsstufen analog wie in (38)

$$C_{a\zeta} \cos(\alpha'_{a\zeta} - \beta_e) = C_{e_1} \cos(\beta_e - \alpha_{e_1}) - 2\zeta u \cos\beta_e; \qquad (41)$$

daher

$$\zeta = \frac{C_{e_1} \cos(\beta_e - \alpha_{e_1}) - C_{a\zeta} \cos(\alpha'_{a\zeta} - \beta_e)}{2u \cos\beta_e};$$

da nach Fig. 10 in analoger Weise

$$C_{a\zeta} \sin(\alpha'_{a\zeta} - \beta_e) = C_{e_1} \sin(\beta_e - \alpha_{e_1}) = u \sin\beta_e, \qquad (42)$$

so ist

$$\zeta = \sqrt{\left(\frac{C_{e_1}}{2u \cos\beta_e}\right)^2 - \frac{1}{2}\tan^2\beta_e} - \frac{1}{2}\tan\beta_e \cot(\alpha'_{a\zeta} - \beta_e). \qquad (43)$$

Nun haben wir angenommen $\beta_e = 30^0$; bei Annahme des letzten Leitwinkels $= 18^0$ beträgt der Austrittswinkel $\alpha'_{a\zeta} = 69$, also $\alpha'_{a\zeta} - \beta_e = 39^0$.

Daher ist

$$\zeta = \sqrt{\left(\frac{C_{e_1}}{2u\,.\,0,866}\right)^2 - \frac{1}{2}\cdot 0,577^2 - \frac{1}{2}\cdot 0,577\cdot 0,777} =$$

$$= \sqrt{\left(\frac{C_{e_1}}{2u\cdot 0,866}\right)^2 - 0,16 - 0,22. \qquad (44)$$

Da C_{e_1} 800 bis 1200 ms beträgt, während u für praktische Zwecke 20 bis 60 ms betragen soll, so ist der Einfluss von $\frac{1}{2}\, tan\, ^2\beta_e = 0,16$ und von $\frac{1}{2}\, tan\, \beta_e\, cot\, (\alpha'_{a\zeta} - \beta_e) = 0,22$ auf den Wert von ζ in Gl. (43) belanglos. Man kann daher vollkommen genau genug für praktische Zwecke daraus die einfache praktische Formel ableiten:

$$\zeta = \frac{C_{e_1}}{2u\, cos\, \beta_e}, \qquad (45)$$

d. h. die Geschwindigkeitsstufenzahl ist gleich der Zuflussgeschwindigkeit, dividirt durch die Projektion der doppelten Umfangsgeschwindigkeit auf die Eintrittsrichtung der Drehkanäle. Je kleiner demnach der Eintrittswinkel β_e ist, um so geringer ist die Stufenzahl. Deshalb haben wir auch denselben von 33^0 auf rund 30^0 reduziert.

Ist nun z. B. $C_{e_1} = 1090$ und soll $u = 50$ sein, so hat man nach (45) mit $\beta_e = 30^0$

$$\zeta = \frac{1090}{2\cdot 50\cdot 0,866} = 12,6 = \sim \text{rund 12 Stufen},$$

was zu viel ist.

Die praktische Lösung des Dampfturbinenproblems reduziert sich daher auf die möglichst vollkommene Ausnutzung einer gegebenen Dampfspannung mittels Spannungsstufen mit dazwischen angeordneten Geschwindigkeitsstufen bei einer praktisch zulässigen und passenden Umfangsgeschwindigkeit.

Dies führt uns zurück zu der Quelle des Dampfstromes, zu der Spannkraft des Dampfes, ihrer kinetischen Analyse und ihrer mechanischen Disponierung zwecks Lösung des Dampfturbinenproblems im Grossen und Ganzen.

V. Dampfspannung.

Zum gründlichen Eindringen in das Wesen der Arbeitsentwickelung der Dampfspannung in Kolbendampfmaschinen und speziell in Dampfturbinen empfiehlt es sich, zunächst die Grundbegriffe der analytischen Mechanik in ihrer gegenseitigen Beziehung klarzulegen. Hierdurch wird auch die Möglichkeit geschaffen, die Dampfturbinentheorie einheitlich und harmonisch zu gestalten.

Bewegt sich ein Körper von der Masse M mit der Geschwindigkeit C, so wird das Produkt MC, aus Masse und Geschwindigkeit, „Bewegungsgrösse“ genannt.

Die Grösse MC ist von ausserordentlicher Wichtigkeit nicht nur in der Dampfturbinentheorie, sondern auch in der ganzen Naturmechanik; die Benennung ist indessen unpassend und zwar zum Nachteil der Analyse mechanischer Vorgänge.

Deshalb wollen wir zunächst aus dem lebendigen Sprachschatz einen bezeichnenden Namen für die Grösse MC finden, welcher möglichst mit den Bezeichnungen verwandter Begriffe in der Technik harmoniert.

Das passende Wort für das Produkt MC, aus Masse und Geschwindigkeit, wäre „Schwung“.

Der Name „Schwung“ entspricht einerseits der verwandten technischen Bezeichnung „Schwungrad“ und andererseits dem sprachlichen Ausdruck „einen Körper in Schwung versetzen“, d. h. seiner Masse eine gewisse Geschwindigkeit erteilen. Ist daher die Masse eines Körpers M und die Geschwindigkeit C, so ist die Grösse des Schwunges

$$S = MC.$$

So z. B. wird eine Kanonenkugel durch die Spannung des Pulvergases in Schwung versetzt, dessen Grösse in jedem Moment des Schusses durch das Produkt aus der Masse und der augenblicklichen Geschwindigkeit der Kugel gemessen wird.

Wir wollen den Vorgang des Kanonenschusses etwas genauer ins Auge fassen, weil wir dadurch zu einer gründlichen und klaren Vorstellung gelangen, welche manches erklären und die Analyse der Dampfwirkung in Kolbenmaschinen und in Turbinen bedeutend erleichtern wird.

Die Geschwindigkeit der Kanonenkugel nimmt während des Schusses von Moment zu Moment zu und ergibt sich in jedem Moment durch Division des Wegelementes derselben durch das dazu gebrauchte Zeitelement, also

$$C = \frac{dL}{dT} .$$

Da die Kugel am Anfang des Schusses in Ruhe ist, so nimmt deren Schwung nach und nach von

$$S_0 = MC_0 = O$$

bis auf die Grösse

$$S_1 = MC_1$$

zu, wo C_1 die Kugelgeschwindigkeit am Ende des Schusses bezeichnet.

Nun kann eine Grösse zunehmen nur durch Hinzukommen eines Teiles einer gleichartigen Grösse, welche infolgedessen entsprechend abnehmen muss.

Folglich befindet sich das gespannte Pulvergas in einem Schwingungs- oder Vibrationszustande, sodass jedes Teilchen der Pulvergasmasse einen gewissen Schwung besitzt, den es teilweise der Kanonenkugel mitteilt, wodurch die Vibrationsintensität des Pulvergases entsprechend abnimmt. Nach unserer Wahrnehmung nimmt die Spannung ab, welche somit ein Mass der Vibrationsintensität darstellt.

Die Ursache, wodurch Schwung erzeugt wird, nennt man Kraft, deren Grösse durch die pro Zeiteinheit bewirkte Schwung-Zunahme gemessen wird. In der Tat findet eine Schwung-Erzeugung nicht statt, sondern Schwung-Übertragung, sodass das treibende Kraft-Agens einen gewissen Teil seines Schwunges nach bestimmten Gesetzen an den getriebenen Körper abgibt.

Bezeichnet man die Grösse der wirkenden Kraft mit K, so ist sie in jedem Momente ausgedrückt durch die in diesem Momente bewirkte Schwungzunahme, dividiert durch das dazu gebrauchte Zeitelement, also

$$K = \frac{dS}{dT} = \frac{d(MC)}{dT} = M \frac{dC}{dT} .$$

Die Grösse $\frac{dC}{dT}$ ist die Beschleunigung, d. h. die Geschwindigkeitszunahme pro Zeiteinheit im betreffenden Momente. Bezeichnet man dieselbe mit R, so hat man

$$K = MR,$$

d. h. die Grösse einer Kraft ist ausgedrückt durch das Produkt aus der Masse und der ihr erteilten Beschleunigung.

Indem man zur Zeitmessung die Sekunde und zur Längen-Messung den Meter zu Grunde legt, ergeben sich daraus die Masseinheiten für Geschwindigkeit und Beschleunigung.

Zur Messung von Schwung und Kraft müssen wir eine Grundeinheit für Masse haben.

Im Maschinenbau ist es üblich, die Krafteinheit zu Grunde zu legen. Zum Messen von Kräften gebraucht man das Kilogramm-Gewicht, nämlich die Anziehungskraft der Erde auf einen Kb.-Dezimeter Wasser an der Erdoberfläche. Bezeichnet man das Gewicht eines Körpers in kg mit G, die Masse mit M und die Beschleunigung mit g, so hat man zufolge der Kraftdefinition

$$G = Mg.$$

Nun ist die Gravitations-Beschleunigung g an der Erdoberfläche constant = 9,81 Met.-Sek.

Daher hat man zur Bestimmung der Masse eines Körpers das Verhältnis

$$M = \frac{G}{g},$$

woraus als Masseneinheit die Masse eines Körpers von 9,81 kg Gewicht folgt.

Hiernach hat man zur Bestimmung des Schwunges eines sich mit der Geschwindigkeit C bewegenden Körpers vom Gewichte G den Ausdruck

$$S = MC = \frac{G}{g}C.$$

Aus der Kraft-Definition

$$M\frac{dC}{dT} = K = \frac{dS}{dT}$$

folgt nach Multiplikation mit C:

$$\frac{d}{dT}\left(M\frac{C^2}{2}\right) = KC = \frac{dS}{dT}C.$$

Das Produkt $\frac{MC^2}{2}$ aus der Masse und dem halben Quadrat ihrer Geschwindigkeit heisst ihre kinetische Energie.

Daher ist die Zunahme der kinetischen Energie einer Masse pro Zeiteinheit gleich dem Produkt KC aus Kraft und Geschwindigkeit oder, was dasselbe ist, dem Produkt $\frac{dS}{dT}C$ aus dem pro Zeiteinheit zuströmenden Schwung und der Geschwindigkeit der angetriebenen Masse.

Da alle Wechselwirkungen in der materiellen Natur Schwung-Übertragungen von Masse zu Masse sind, so wollen wir den einfachsten Fall, den Stoss zweier Massen, analysieren und das Gesetz der Schwung-Übertragung ableiten.

Es seien M_1 und M_2 zwei Massen, welche sich mit den Geschwindigkeiten C_1 bezw. C_2 in einer geraden Linie bewegen, und zwar verfolge M_2 mit der Geschwindigkeit C_2 die Masse M_1 mit einer geringeren Geschwindigkeit C_1.

Beim Zusammentreffen entsteht zwischen den beiden Massen eine gewisse Spannkraft, welche von O allmählich zunehmend ein Maximum da erreicht, wo beide Massen sich mit gleicher Geschwindigkeit bewegen, und dann wieder allmählich abnehmend da O wird, wo die Massen durch Abprall auseinander gehen. Somit besteht der Stoss aus zwei Perioden, aus der Kompressionsperiode von O bis zur Maximalspannung und aus der Expansionsperiode von der Maximalspannung bis auf O.

Bezeichnet man die veränderliche Spannkraft zwischen den beiden Massen mit K, so ist nach unserer Kraft-Definition

$$M_1 dC_1 = KdT = dS$$
$$M_2 dC_2 = -KdT = -dS.$$

Da am Anfang des Stosses die Geschwindigkeiten C_1 und C_2 sind, welche am Ende der Kompressionsperiode sich ausgleichen und etwa $= C$ werden, so erhält man durch Integration der obigen Ausdrücke vom Stoss-Anfang bis zum Moment, wo die Zwischen-Spannung am grössten ist,

$$M_1 (C - C_1) = S$$
$$M_2 (C - C_2) = -S,$$

wo S somit als Spannung aufgespeicherten Schwung darstellt.

Die Schwunggrössen der beiden Massen am Ende der Kompressionsperiode ergeben sich aus diesen beiden Gleichungen.

$$M_1C = M_1C_1 + S$$
$$M_2C = M_2C_1 - S,$$

wobei

$$C = \frac{M_1C_1 + M_2C_2}{M_1 + M_2}$$

und

$$S = \frac{M_1M_2}{M_1 + M_2}(C_2 - C$$

Es geht somit in der ersten Periode von der treibenden Masse M_2 der Schwung S auf die getriebene Masse M_1 über, wobei noch eine Schwung-Aufspeicherung von der Grösse S stattfindet.

Sind die beiden Massen elastisch, so findet infolge des aufgespeicherten Schwunges S ein Abprall statt; sind dagegen die Massen unelastisch, so geht der aufgespeicherte Schwung in Molekularschwingungen über, und die beiden Massen bewegen sich mit der gemeinsamen Geschwindigkeit C weiter.

Wir wollen die beiden Massen als vollkommen elastisch voraussetzen, sodass durch Expansion ein Abprall derselben stattfindet.

Für die Expansionsperiode hat man wieder die Gleichungen

$$M_1dC_1 = KdT = dS$$
$$M_2dC_2 = -KdT = -dS.$$

Es seien die Endgeschwindigkeiten von M_1 und M_2 am Schluss der Expansionsperiode C' bezw. C''.

Führt man die Integration von S bis herab auf O aus, so geht C_1 aus C in C' über und C_2 aus C in C'' über. Man erhält

$$M_1(C' - C) = S$$
$$M_2(C'' - C) = -S.$$

Daher betragen die Schwunggrössen der beiden Massen am Ende des Stosses

$$M_1C' = M_1C + S$$
$$M_2C'' = M_2C - S$$

oder, mit Rücksicht auf die Werte von M_1C und M_2C,

$$M_1C' = M_1C_1 + 2S$$
$$M_2C'' = M_2C_2 - 2S,$$

wo

$$S = \frac{M_1M_2}{M_1 + M_2}(C_2 - C_1).$$

Demnach erhält man für die Geschwindigkeiten der beiden Massen nach dem Stosse

$$C' = C_1 + \frac{2\,M_2}{M_1 + M_2}(C_2 - C_1)$$

$$C'' = C_2 - \frac{2\,M_1}{M_1 + M_2}(C_2 - C_1).$$

Gemäss den obigen Entwickelungen beträgt der von Masse auf Masse übertragene Schwung beim unelastischen Stoss die einfache und beim elastischen Stoss die doppelte Grösse von

$$S = \frac{M_1M_2}{M_1 + M_2}(C_2 - C_1).$$

Diese Formel stellt das Grundgesetz der Schwung-Übertragung bei allen materiellen Wechselwirkungen in der Natur dar, nämlich:

Der von einer Masse auf eine andere übertragene Schwung ist beim unelastischen Stoss gleich dem einfachen und beim elastischen gleich dem doppelten Produkte aus den Massen und ihrer Geschwindigkeitsdifferenz, dividiert durch die Summe der Massen.

Die Formel lässt sich unter anderem sowohl auf einfache Stossturbinen mit flachen Schaufeln als auch auf Aktionsturbinen mit gekrümmten Schaufeln anwenden. Im ersten Falle ist der Stoss mehr oder weniger unelastisch und im letzteren Falle nahezu vollkommen elastisch, sodass vor der Schwungformel noch ein Coefficient $(1 + \lambda)$ zu setzen wäre, wo λ zwischen O und 1 liegend den praktisch zu ermittelnden Elastizitätsgrad des Stosses darstellt.

Die Formel lässt sich sowohl auf den Anlauf als auch auf den Beharrungszustand von Turbinen anwenden.

Uns interessiert speziell der Beharrungszustand der Aktionsturbinen, d. h. ihre Arbeitsentwickelung bei der normalen Drehzahl, wobei der Kraftstrom völlig zur Widerstandsüberwindung und zur Nutzleistung verbraucht wird.

Der Beharrungszustand lässt sich am einfachsten behandeln, indem man in der Grundformel für Schwungübertragung die getriebene Masse M_1, entsprechend der konstanten Umfangsgeschwindigkeit $C_1 = U$ der Turbine, als unendlich gross annimmt.

Ist M die pro Sek. mit der Geschwindigkeit C zufliessende Triebmasse, so ergiebt sich die Schwung-Übertragung pro Sek. also der Schaufeldruck aus der Formel

$$Z = (1 + \lambda) \frac{M_1 M_2}{M_1 + M_2} (C_2 - C_1),$$

indem man $\lambda = 1$, $M_2 = M$, $M_1 = \infty$, $C_2 = C$ und $C_1 = U$ setzt:

$$Z = 2 \frac{M}{1 + \frac{M}{\infty}} (C - U) = 2M (C - U).$$

Dies ist genau die Grösse, die wir auf anderem Wege für den Schaufeldruck gefunden haben und die dem Spezialfall entspricht, wo der Dampfstrom sich beim Durchlaufen der Schaufel um 180^0 wendet.

Gemäss der Grundformel der Schwungübertragung muss die treibende Masse M_2 eine grössere Geschwindigkeit C_2 haben als die Geschwindigkeit C_1 der anzutreibenden Masse M_1, so dass die treibende Masse vermöge eines Teiles ihrer Geschwindigkeit der anzutreibenden Masse nachfolgen und vermöge des Geschwindigkeitsüberschusses dieselbe antreiben kann; der Antrieb erfolgt unter Aufspeicherung und Wiederentladung eines Teiles des Schwunges als Spannung, wie wir gesehen.

Eine analoge Wirkung findet bei Aktionsturbinen statt: die Triebmasse besitzt beim Eintritt in die Schaufel eine solche Geschwindigkeit, dass sie vermöge der einen Geschwindigkeitskomponente der Schaufel nachfolgen kann und, vermöge der anderen Komponente die Schaufel entlang fliessend, ihren Schwung infolge der Krümmung der Bahn durch Differentialstösse nach und nach auf die Turbine überträgt.

Zum gründlichen Verständnis des wahren Wesens dieses Vorganges im Einklang mit den Prinzipien der Naturmechanik wollen wir noch die Richtungsänderung des Schwunges einer sich im Raume bewegenden Masse genau analysieren und zwar ohne Rücksicht auf die dogmatischen Sätze und Regeln der abstrakten Mechanik.

Bewegt sich ein Körper im Raume und ändert seine Richtung ohne Geschwindigkeitsänderung, so bleibt der Schwung der Grösse nach unveränderlich, so dass absolutgenommen aus der Kraftquelle, welche die Bewegungsrichtung ändert, kein Schwung auf den sich bewegenden Körper übergeht, sondern durch den Einfluss der Kraftquelle bezw. des Zwanges der Schwung des Körpers in sich selbst eine Zerlegung und Neuzusammensetzung ohne Aufwand an Schwung seitens der Kraftquelle erleidet.

Ähnliches geschieht bei der Bewegung einer Masse längs einer Kurvenbahn, wobei die Masse ihren Schwung durch kontinuierliches An- und Abprallen ihrer Elementarschwungkomponenten der Richtung nach ändert.

Die Masse strebt hierbei die Kurvenbahn durch die infolge des An- und Abpralles entwickelte Zentrifugalkraft in Schwung zu versetzen, was wir auch unserer Analyse sowohl der Druckwirkung als auch der Arbeitsleistung in Turbinen zugrunde gelegt haben. Dabei sind wir noch zum Resultat gelangt, dass die verschwundene Energie als Arbeit gewonnen wird, während gewöhnlich die Turbinen-Theorie gerade auf diesem Satze der Erhaltung der Energie begründet wird.

Die Arbeitsleistung in Turbinen ist, wie wir gesehen, ein besonderer Fall des Stosses zweier Massen; wie hervorgehoben, bildet derselbe den Elementarvorgang, worauf alle materiellen Wechselwirkungen in der Natur beruhen.

Aus unserer Stoss-Analyse, die gewöhnlich auf Grund des Gesetzes der Erhaltung der Energie behandelt wird und die wir ohne Zuhülfenahme dieses Gesetzes durchgeführt haben, folgt nach Ausrechnung, dass die Energie am Ende des Stosses gleich der Energie am Anfang des Stosses ist, also

$$\frac{M_1 C'^2}{2} + \frac{M_2 C''^2}{2} = \frac{M_1 C_1^2}{2} + \frac{M_2 C_2^2}{2}.$$

Somit ist das Gesetz der Erhaltung der Energie eine Folge des Grundgesetzes der Schwungübertragung in allen Bewegungsformen der Materie.

Wärme, welche ein Schwingungszustand der Materie ist, verwandelt durch Schwungübertragung das Wasser in Dampf; dieser übt durch die Vibration seiner Teilchen auf die Wände des einschliessenden Gefässes eine gewisse Spannkraft aus, deren Intensität in kg pro qcm bezw. qm ausgedrückt und spezifische Spannung genannt wird.

Der zwischen Kolben und Zylinder eingesperrte Dampf strebt, wie beim elastischen Stoss, Kolben und Zylinder durch seine Spannkraft auseinander zu treiben, und versetzt in der Tat den Kolben in Schwung, während der Zylinder durch die Ankerschrauben gehemmt wird. Der Kolben erteilt den von den vibrierenden Dampfteilchen empfangenen Schwung dem Schwungrade mit, und dieses überträgt ihn durch die Transmission auf Arbeitsmaschinen zur Arbeitsverrichtung.

Der ganze Vorgang besteht somit in einer Schwungübertragung von den Dampfteilchen mittels des Kolbens auf andere anzutreibende Körpermassen. Diese Betrachtungsweise gewährt einen klaren Einblick in die Arbeitsweise des Dampfes im Zylinder. Da die Dampfteilchen eine gewisse Vibrationsgeschwindigkeit besitzen, so ist der Dampfdruck auf den Kolben, streng genommen, von der Kolbengeschwindigkeit abhängig und zwar proportional der Differenz der Vibrationsgeschwindigkeit und der Kolbengeschwindigkeit, so dass bei einer sehr hohen Kolbengeschwindigkeit sich der Dampfdruck entsprechend vermindern würde, nämlich: ein Teil der Vibration würde sich in geradlinigen Schwung versetzen, um dem Kolben nachzukommen, und mit dem übrigen Teil der Vibration auf denselben einen Druck ausüben.

Bei Dampfturbinen wird die Vibration der Dampfteilchen beim Ausfluss in geradlinigen Schwung umgewandelt, welcher seinerseits, wie wir bereits gesehen, ein Schaufelrad betreibt.

Da die Spannkraft in der Ausflussmündung den Dampf und die Mündung auseinanderzutreiben sucht, so erfährt das Ausflussgefäss eine gewisse Reaktion, welche, wie in der Heroschen Dampfturbine, auch als Betriebskraft benutzt werden könnte; jedoch um ökonomisch arbeiten zu können, müsste die Turbine, entsprechend der Ausflussgeschwindigkeit des Dampfes unter normalen Betriebsverhältnissen, die ungeheure Umfangsgeschwindigkeit von nahezu 800 m pro Sekunde haben. Derartige Reaktionsturbinen wären praktisch unbrauchbar; es kommen daher nur die durch Dampfstrom direkt betätigten Dampfturbinen in Betracht.

Wir wollen nun die Grundformel des Dampfstromes auf Grund der Schwungtheorie durch Ausdehnung derselben auf Kräfte und deren Änderungen ableiten.

Da Kraft nach der Definition Schwungänderung pro Zeiteinheit ist, so brauchen wir nur jede Elementar-Schwungübertragung durch die dazu benötigte Zeit zu dividieren, um zum Wesen der Kraftübertragung von Masse auf Masse zu gelangen; daher verhalten sich Kraftänderungen wie Schwungänderungen untereinander, da sie durch Differentiation von Schwung entstanden sind.

Dies vorausgeschickt, wollen wir zur Ableitung der Differentialgleichung des Dampfstromes übergehen, welche die Relation zwischen Dampfspannung und Dampfgeschwindigkeit ausdrückt.

Es seien in einem Punkte der Dampfleitung q der innere Rohrquerschnitt, p die Spannung pro Flächeneinheit, C die Dampfgeschwindigkeit, μ die Dampfmasse pro Volumeneinheit und M die pro Sekunde durchfliessende Dampfmasse.

Es sei der Beharrungszustand eingetreten und es werde von äusseren Kraftwirkungen sowie von inneren Reibungs- und sonstigen Verlusten abgesehen.

Die Spannkraft, d. h. die innere Schwingungsintensität im betreffenden Querschnitte beträgt

$$qp;$$

der Kraftstrom, d. h. der pro Sekunde durchfliessende Schwung daselbst, beträgt

$$MC.$$

Daher hat man nach dem Grundprinzip der Elementarkraftübertragung aus einer Form in eine andere

$$d(qp) + d(MC) = 0$$

oder

$$qdp + MdC = 0,$$

da M für den Beharrungszustand von Punkt zu Punkt konstant ist.

Nun ist $$M = \mu q C,$$
daher
$$dp + \mu C dC = 0.$$

Dies ist die Differentialgleichung des Dampfstromes und drückt das Gesetz der Umwandlung der als Spannung wahrgenommenen inneren Schwingungen in Massenschwung aus.

Bezeichnet man das Dampfgewicht pro Volumeneinheit mit γ und das Volumen pro Gewichtseinheit mit v, so hat man

$$\mu = \frac{\gamma}{g} = \frac{1}{vg}.$$

Daher erhält man aus der gefundenen Differentialgleichung noch zwei Formen dazu

$$\frac{g}{\gamma} dp + C dC = 0 \text{ und } g v dp + C dC = 0.$$

Die Ableitung der Stromgleichung geschieht gewöhnlich auf sehr mühsamem Wege (vgl. Zeuner's Theorie der Turbinen S. 6 – 11 u. 267), während sie hier wie selbstverständlich und ganz einfach auf Grund der entwickelten Theorie der Schwungübertragung folgt. Dies erleichtert nicht nur die Sache, sondern wirft auch auf das Wesen der Sache ein klares Licht. Da die Schwungtheorie, wie wir auch bei der Analyse der Druckwirkung und Arbeitsleistung von Dampfturbinen gesehen, der Realität entspricht, so vereinfacht sie nicht nur die Dampfturbinentheorie, sondern auch die Erklärung vieler dunkler Vorgänge und die Lösung mancher schwieriger Probleme der Naturmechanik. Da nämlich die ganze Natur einheitlich auf denselben Grundprinzipien gebaut ist, so können wir das abgeleitete Gesetz der Schwungübertragung auf alle Naturkräfte ausdehnen und so gelangen wir zu einem sehr einfachen, jedoch wichtigen Naturgesetz:

Jede in der Natur wirkende Kraftquelle muss erst einen Teil ihrer Kraft dazu verwenden, um dem anzutreibenden Körper nachzufolgen und dann mit dem Kraftüberschuss auf denselben antreibend einzuwirken.

Dieses Gesetz beherrscht unter anderem auch die Gravitation. Daraus folgt, dass die Gravitationsbeschleunigung von der Geschwindigkeit des fallenden oder emporsteigenden Körpers abhängig ist; im ersten Falle vermindert sie sich und im zweiten Falle nimmt sie zu. Somit würde die Gravitation event. bei einem mit grosser Geschwindigkeit auf die Erde fallenden Körper dem Schwung desselben nicht mehr nachfolgen können, vielmehr dessen Bewegung verhindern, indem der fallende Körper die Gravitation mit sich hinreissen und sich infolgedessen verzögern würde, als wenn die Erdanziehung in Abstossung umgewandelt wäre. Umgekehrt würde die Gravitation beim Emporsteigen eines Körpers mit sehr grosser Geschwindigkeit entsprechend zunehmen und die Körperbewegung mehr als gewöhnlich verhindern, gleich als wenn die Erdanziehung pro Masseneinheit grösser geworden wäre.

In der Tat ist die Erde selbst eine von den Gravitationsschwingungen der Sonnenstrahlen getriebene gigantische Turbine.

VI. Dampfausfluss.

Ehe wir zur Anwendung der abgeleiteten Differentialgleichung auf den Dampfausfluss übergehen, ist es notwendig, einige praktisch wichtige Bemerkungen über die Wärme vorauszuschicken, welche die Quelle der Dampfkraft bildet und damit innig verbunden ist.

Die Wärmeeinheit zur Messung von Wärmemengen heisst Calorie und ist diejenige Wärmemenge, welche nötig ist, um die Temperatur 1 kg Wasser von 0 auf 1^0 C. zu erhöhen.

Es ist durch Experimente genau festgestellt worden, dass eine Calorie einer kinetischen Energie von 428 mkg gleichwertig ist.

Indem wir das Wasser im Kessel erwärmen und verdampfen, erteilen wir daher demselben eine gewisse kinetische Energie, welche wir teilweise als Betriebskraft von der Kolbendampfmaschine bezw. von der Dampfturbine zurückgewinnen.

Deshalb müssen wir die Energie ausrechnen können, welche nötig ist, um 1 kg etwa trocken gesättigten Dampf von der Betriebsspannung zu erzeugen.

Den Prozess der Dampfbildung kann man zweckmässig in folgende Vorgänge zerlegen:

1. Es wird unter einem der verlangten Dampfspannung p kg/qcm entsprechenden Druck im Kessel in den letzteren 1 kg Wasser von 0^0 C. hineingepumpt, wozu eine mechanische Arbeit von

$$pw \text{ mkg}$$

verbraucht wird, unter w das Volumen 1 kg Wasser in cbm verstanden, also

$$w = 0{,}1^3 = 0{,}001 \text{ cbm.}$$

Bezeichnet man den Wärmewert 1 mkg mit A, so beträgt der Arbeitsaufwand

$$Apw \text{ Cal.}$$

2. Das eingeführte Wasser von 1 kg Gewicht wird unter dem konstanten Drucke bis auf die der Dampfspannung p entsprechende Temperatur erwärmt; die dazu nötige Wärme wird Flüssigkeitswärme genannt und mit q bezeichnet.

Es ist nach der Regnault'schen empirischen Formel in Calorien

$$q = t + 0{,}00002\, t^2 + 0{,}0000003\, t^3,$$

wo t die der Betriebsspannung entsprechende Temperatur des gesättigten. Dampfes ist.

3. Dem Wasser von dieser Temperatur wird nun so viel Wärme zugeführt, bis es sich gänzlich unter konstantem Drucke in trocken gesättigten Dampf verwandelt, wobei bekanntlich die Temperatur unverändert bleibt; hierbei verwandelt sich das Volumen w 1 kg Wassers in das Volumen u eines kg trocken gesättigten Dampfes, wobei von der zugeführten Wärme eine mechanische Arbeit von

$$A\,p\,(u-w) \text{ cal.}$$

verrichtet wird; diese Wärmemenge wird zur Überwindung des äusseren Druckes aufgewendet und äussere latente Wärme genannt. Gleichzeitig nimmt der Dampf eine gewisse Wärmemenge als Spannungsenergie in sich auf; dieselbe wird daher nnere latente Wärme genannt und mit ϱ bezeichnet. Nach der Zeuner'schen empirischen Formel ist in Calorien

$$\varrho = 575{,}4 - 0{,}791\, t.$$

Man hat somit für die zugeführte Gesamtwärme in Calorien

$$\lambda = q + \varrho + Ap\,(u - w),$$

wobei wir die zum Einpumpen des Wassers nötige Energie hinzuzufügen haben.

Für die Gesamtwärme λ hat man nach Regnault die empirische Formel in Calorien

$$\lambda = 606{,}5 + 0{,}305\,t,$$

wo t die Temperatur des trocken gesättigten Dampfes in Celsius-Graden bedeutet.

Die zur Verwandlung des Wassers von t^0 C. in gesättigten Dampf derselben Temperatur nötige Wärmemenge

$$\varrho + Ap\,(u - w)$$

wird auch Verdampfungswärme genannt und mit r bezeichnet.

Es ist gemäss den empirischen Formeln von Regnault daher in Calorien

$$r = \lambda - q = 606{,}5 - 0{,}695\,t - 0{,}00002\,t^2 - 0{,}000\,0003\,t^3.$$

Übrigens existieren für den gesättigten Wasserdampf ganz genaue Tabellen, so dass die obigen Formeln bei Berechnungen meistenteils vorteilhaft durch Tabellen-Angaben ersetzt werden können.*)

Nach diesen einleitenden Notizen wollen wir nun die gefundene Differentialgleichung des Dampfstromes integrieren und dieselbe auf den Dampfausfluss anwenden.

Wir haben

$$dp + \mu C dC = 0,$$

wo p die Dampfspannung pro Flächeneinheit, μ die Dampfmasse pro Volumeneinheit und C die Dampfgeschwindigkeit ist.

Für μ hat man

$$\mu = \frac{\gamma}{g},$$

wo γ das Dampfgewicht pro Volumeneinheit und g die Gravikations-Beschleunigung ist.

Daher hat man auch

$$\frac{dp}{\gamma} + \frac{CdC}{g} = 0.$$

---

*) Siehe insbesondere des Ingenieurs Taschenbuch „Hütte", irgend eine Auflage.

Zur Integration dieser Gleichung müssen wir eine Formel für die funktionelle Beziehung zwischen γ und p haben, da das Gewicht pro Volumeneinheit des Dampfes von der veränderlichen Spannung abhängig ist; dabei kommt noch die gleichzeitige Dampfkondensation bezw. Zu- oder Ableitung von Wärme in Frage. Streng genommen, müssten alle diese Einflüsse formuliert werden, wodurch jedoch die Sache sich noch mehr verwickeln würde. Deshalb ist man gezwungen, vereinfachende Annahmen zu machen und zur Integration der obigen Gleichung die funktionelle Beziehung zwischen p und γ durch eine empirische Formel auszudrücken. Indessen führt die Integration auf eine Ausfluss-Formel, welche zwar praktisch brauchbare und mit der Wirklichkeit übereinstimmende Resultate liefert, jedoch in ihrer mathematischen Fassung verwickelt und unklar ist. Dieselbe hat selbst sonst streng logisch denkende Mathematiker auf einen irrigen Standpunkt geführt und ihnen Veranlassung zu einseitigen und nicht allgemein giltigen Schlussfolgerungen gegeben. Um uns daher vor Irrgang und irrigen Auslegungen zu schützen, wollen wir vor der Ableitung der abstrakten Ausfluss-Formel zunächst auf eine einfache und selbständige Weise gerade zum Ziele gelangen, um dann die ganze Situation um so besser zu beherrschen.

Da wir nämlich in den gewöhnlichen Dampftabellen die zusammengehörigen Werte von p und γ für gesättigten Dampf besitzen, so wollen wir die abgeleitete Differentialgleichung zunächst in möglichst elementarer Weise auf die Analyse des Ausflusses von trocken gesättigtem Dampf anwenden und den Vorgang genau untersuchen, um einen klaren Einblick in das Wesen des Ausflusses zu gewinnen und uns dadurch für den weiteren Aufbau eine feste Grundlage zu schaffen.

Um unsere Betrachtungen zu fixieren, wollen wir voraussetzen, dass eine einfache rohrförmige zylindrische Düse von überall gleichem Querschnitt sich an eine Dampfkammer anschliesst und zwar mit sanft abgerundetem Übergang, um plötzliche Bewegungsveränderungen zu vermeiden.

Die Dampfspannung in der Kammer sei konstant, etwa $p_{10} = 10$ kg/qcm; am Ausflussquerschnitt der Düse herrsche die Spannung $p_1 = 1$ kg/qcm, entsprechend der gewöhnlichen Atmosphärenspannung beim Ausfluss ins Freie.

Wir nehmen an, dass weder Wärme zu- noch abgeleitet wird, als wenn die Düse in bezug auf Wärme gänzlich isoliert wäre; ferner sei angenommen, dass keine Nebenverluste durch Reibungs- und sonstige Widerstände verursacht werden.

Lässt man nun den Dampf ausfliessen, so ist es klar, dass derselbe sich in der Düse zwischen den Grenzspannungen von 10 und 1 kg/qcm befinden, allmälig alle Zwischenstufen von 10 kg/qcm aus durchlaufen und auf 1 Atm. herabsinken wird, vorausgesetzt, dass die Düse genügend lang ist, um dem rasch hinausschiessenden Dampf Zeit zur Betätigung der Expansionskraft zu geben; sonst wäre der Vorgang wie beim Schiessen mit vielem Pulver, das nur teilweise zur Explosion gelangt, während der übrige Teil beim Explodieren oder, ohne zur Explosion zu gelangen, hinausgeschleudert wird.

Da bei einer richtigen, hinreichend langen Düse der Dampf tatsächlich alle Zwischenspannungen von 10 bis auf 1 durchläuft, so können wir den ganzen Ausfluss-Prozess in 10 Stufen einteilen, so dass zuerst ein Spannungsabfall von 10 auf 9 kg/qcm mit entsprechender Geschwindigkeitssteigerung stattfindet, dann von 9 auf 8 und so weiter bis zuletzt von 2 auf 1 kg/qcm.

Nun zeigt ein Blick auf die Tabellen, dass der Wert von γ für gesättigten Wasserdampf von Stufe zu Stufe sich langsam ändert, so dass wir für jede Stufe einen konstanten Mittelwert für γ annehmen können. Hierdurch vereinfacht sich unsere Analyse bedeutend, denn wir können die Differentialgleichung zwischen den Grenzen jeder Stufe ohne Rücksicht auf die Funktionalbeziehung zwischen γ und p integrieren, da wir den veränderlichen Wert von γ innerhalb jeder Stufe mit genügender Genauigkeit durch den konstanten Mittelwert zu ersetzen vermögen.

Es ergiebt die Integration für die erste Stufe zwischen den Spannungen p_{10} und p_9 bei einem Mittelwert $\gamma_{10,9}$

$$\frac{p_{10}-p_9}{\gamma_{10,9}} + \frac{C^2_{10}-C^2_9}{2g} = 0.$$

daher

$$\frac{C^2_9-C^2_{10}}{2g} = \frac{p_{10}-p_9}{\gamma_{10,9}}.$$

Es ist

$$p_{10} = 100000 \text{ kg/qm}; \; p_9 = 90000 \text{ kg/qm}.$$

$$\gamma_{10} = 5{,}11; \; \gamma_9 = 4{,}63; \; \gamma_{10,9} = \frac{\gamma_{10} + \gamma_9}{2} = \frac{5{,}11 + 4{,}63}{2} = 4{,}9.$$

Somit wird

$$\frac{C^2_9 - C^2_{10}}{2g} = \frac{10000}{4{,}9} = 2040.$$

C_{10} ist die Anfangsgeschwindigkeit des Dampfes bei 10 kg/qcm Spannung und ist daher = 0, da der Dampf diese Spannung im ruhenden Zustande besitzt.

C_9 ist die Dampfgeschwindigkeit im Düsenquerschnitt, wo die Spannung von 9 kg/qcm herrscht.

Es entwickelt somit ein kg Dampf beim Spannungsabfall von 10 auf 9 kg/qcm eine kinetische Energie von 2040 mkg; dies beträgt in Wärme ausgedrückt

$$\frac{2040}{428} = 4{,}8 \text{ Cal.}$$

Nun hat gesättigter Wasserdampf von 10 kg/qcm Spannung nach der Regnault'schen Formel von 0° C. aus gerechnet pro kg einen Wärmegehalt von

$$\lambda_{10} = 606{,}5 + 0{,}305\, t = 606{,}5 + 0{,}305 \cdot 179 = 661{,}1 \text{ Cal.}$$

Dagegen hat 1 kg gesättigten Wasserdampfes von 9 kg/qcm Spannung nach derselben Formel einen Wärmegehalt von

$$\lambda_9 = 606{,}5 + 0{,}305 \cdot 174{,}4 = 659{,}7 \text{ Cal.}$$

Beim Spannungsabfall von 10 auf 9 kg/qcm verschwindet daher im gesättigten Dampfe zur Erzeugung der kinetischen Energie des Dampfstromes eine Wärmemenge von

$$\lambda_{10} - \lambda_9 = 661{,}1 - 659{,}7 = 1{,}4 \text{ Cal.}$$

Somit wird der Rest

$$4{,}8 - 1{,}4 = 3{,}4 \text{ Cal.}$$

durch Selbstkondensation und Freimachung entsprechender latenter Wärme beschafft und zwar ohne Änderung der Spannung, Sättigung und der Temperatur.

Die zur Verdampfung von 1 kg Wasser bei 9 kg/qcm und 174,4° nötige Wärme beträgt

$$r_9 = \lambda_9 - q_9 = 659{,}7 - 176{,}6 = 483{,}1 \text{ Cal.}$$

Bezeichnet man die zur Beschaffung von 3,4 Cal. nötige Kondenswassermenge in kg mit a_9, so hat man daher

$$483{,}1 \cdot a_9 = 3{,}4.$$

Hieraus folgt

$$a_9 = 0{,}007 \text{ kg}.$$

Dies kann man auch direkt aus der Gleichung

$$\lambda_{10} = 4{,}8 + \lambda_9 - r_9 \cdot a_9$$

erhalten, wo 4,8 Cal. die der geleisteten mechanischen Arbeit gleichwertige Wärme ist und etwa mit m_9 bezeichnet werden mag.

Daher besteht die Formel

$$a_9 = \frac{m_9 - (\lambda_{10} - \lambda_9)}{r_9} = \frac{m_9 + \lambda_9 - \lambda_{10}}{r_9} = 0{,}007 \text{ kg}.$$

Demnach beträgt im Düsenquerschnitte, wo die Spannung 9 kg/qcm herrscht, die Dampfgeschwindigkeit

$$C_9 = \sqrt{2 \cdot 9{,}81 \cdot 2040} = 200 \text{ m/s},$$

und das Kondenswasser ist pro kg der Strommasse

$$a_9 = 0{,}007 \text{ kg}.$$

Für die zweite Stufe hat man analog

$$\frac{C^2_8 - C^2_9}{2g} = \frac{p_9 - p_8}{\gamma_{9,8}}.$$

Es ist

$$p_9 = 90000 \text{ kg/qcm}$$
$$p_8 = 80000 \text{ kg/qcm}.$$

Betreffs

$$\gamma_{9,8} = \frac{\gamma_9 + \gamma_8}{2}$$

ist zu beachten, dass das spezifische Stromgewicht wegen des Kondenswassers grösser ist, als für gesättigte Dämpfe von derselben Spannung; man hat daher für p_9, statt des zugehörigen Wertes von $\gamma = 4{,}63$, annähernd

$$\gamma_9 = \frac{4{,}63}{1 - a_9} = \frac{4{,}63}{0{,}993} = 4{,}66 \text{ kg},$$

also ca. um 0,03 kg mehr.

Indem man ungefähr dieselbe γ-Zunahme für p_8 annimmt, erhält man

$$\gamma_8 = 4{,}14 + 0{,}03 = 4{,}17 \text{ kg}.$$

Daher ist

$$\gamma_{9,8} = \frac{4{,}66 + 4{,}17}{2} = 4{,}41.$$

Somit beträgt die Zunahme an kinetischer Energie in der zweiten Stufe pro kg der Strommasse:

$$\frac{C^2_8 - C^2_9}{2g} = \frac{10000}{4,41} = 2268 \text{ mkg}.$$

Dies ist gleich, in Calorien ausgedrückt,

$$\frac{2268}{428} = 5,3 \text{ Cal}.$$

und muss somit als Wärme verschwinden. Zur Beschaffung dieser Wärme wird daher wieder ein Teil des Dampfes kondensiert und zwar pro kg der Strommasse

$$a_8 = \frac{m_8 - (\lambda_9 - \lambda_8)}{r_8} = \frac{5,3 - 659,69 + 658,18}{486,69} = \frac{3,8}{487} = 0,008 \text{ kg}.$$

Und so beträgt die Stromgeschwindigkeit im Endquerschnitt der zweiten Stufe

$$C_8 = \sqrt{C^2_9 + 2 \cdot g \cdot 2268} = \sqrt{200^2 + 2 \cdot 9,81 \cdot 2268} = 291 \text{ m/s},$$

während das gesamte Kondenswasser im selben Querschnitte pro kg der Strommasse ist

$$\Sigma a = a_9 + a_8 = 0,007 + 0,008 = 0,015 \text{ kg}.$$

Dritte Stufe. Wir haben wieder

$$\frac{C^2_7 - C^2_8}{2g} = \frac{p_8 - p_7}{\gamma_{8,7}}$$

Es ist

$$p_8 = 80000; \ p_7 = 70000.$$

$$\gamma_8 = \frac{4,14}{1 - 0,015} = 4,20; \ \gamma_7 = 3,66 + 0,06 = 3,72,$$

daher

$$\gamma_{8,7} = \frac{4,20 + 3,72}{2} = 3,96.$$

Somit wird

$$\frac{C^2_7 - C^2_8}{2g} = \frac{10000}{3,96} = 2525 \text{ mkg} = \frac{2525}{428} = 5,90 \text{ cal}.$$

Folglich ist

$$a_7 = \frac{m_7 + \lambda_7 - \lambda_8}{r_7} = \frac{5,9 + 656,5 - 658,2}{491} = \frac{4,2}{491} = 0,009 \text{ kg},$$

$$C_7 = \sqrt{C^2_8 + 2 \cdot 9,81 \cdot 2525} = 369 \text{ m/s},$$

$$\Sigma a = a_9 + a_8 + a_7 = 0,024 \text{ kg}.$$

Vierte Stufe. Wir haben

$$\frac{C^2_6 - C^2_7}{2g} = \frac{p_7 - p_6}{\gamma_{7,6}}.$$

Es ist

$$p_7 = 70000;\ p_6 = 60000;$$

$$\gamma_7 = \frac{3,66}{0,976} = 3,75;\ \gamma_6 = 3,16 + 0,09 = 3,25;$$

$$\gamma_{7,6} = \frac{3,75 + 3,25}{2} = 3,50.$$

Somit wird

$$\frac{C^2_6 - C^2_7}{2g} = \frac{10000}{3,50} = 2857 \text{ mkg} = \frac{2857}{428} = 6,68 \text{ cal.}$$

Folglich ist

$$a_6 = \frac{m_6 + \gamma_6 - \gamma_7}{r_6} = \frac{6,68 + 654,7 - 656,5}{495} = \frac{4,9}{495} = 0,01 \text{ kg},$$

$$C_6 = \sqrt{C^2_7 + 2 \cdot 9,81 \cdot 2857} = 439 \text{ m/s},$$

$$\Sigma a = 0,024 + 0,010 = 0,034 \text{ kg}.$$

Fünfte Stufe. Wir haben

$$\frac{C^2_5 - C^2_6}{2g} = \frac{p_6 - p_5}{\gamma_{6,5}}.$$

Es ist

$$p_6 = 60000;\ p_5 = 50000;$$

$$\gamma_6 = \frac{3,16}{0,966} = 3,27;\ \gamma_5 = 2,67 + 0,11 = 2,78,$$

daher

$$\gamma_{6,5} = \frac{3,27 + 2,78}{2} = 3,03.$$

Somit wird

$$\frac{C^2_5 - C^2_6}{2g} = \frac{10000}{3,03} = 3300 \text{ mkg} = \frac{3300}{428} = 7,71 \text{ cal.}$$

Folglich ist

$$a_5 = \frac{m_5 + \lambda_5 - \lambda_6}{r_5} = \frac{7,71 + 652.55 - 654,66}{500} = \frac{5,60}{500} = 0,011 \text{ kg},$$

$$C_5 = \sqrt{C^2_6 + 2 \cdot 9,81 \cdot 3300} = 509 \text{ m/s},$$

$$\Sigma a = 0,034 + 0,011 = 0,045 \text{ kg}.$$

Sechste Stufe. Wir haben

$$\frac{C^2_4 - C^2_5}{2g} = \frac{p_5 - p_4}{\gamma_{5,4}}.$$

Es ist

$$p_5 = 50000;\ p_4 = 40000.$$
$$\gamma_5 = 2{,}67/0{,}955 = 2{,}80;\ \gamma_4 = 2{,}16 + 0{,}12 = 2{,}28,$$

daher

$$\gamma_{5,4} = \frac{\gamma_5 + \gamma_4}{2} = 2{,}54.$$

Somit wird

$$\frac{C^2_4 - C^2_5}{2g} = \frac{10000}{2{,}54} = 3940 \text{ mkg} = \frac{3940}{428} = 9{,}20 \text{ cal.}$$

Folglich ist

$$a_4 = \frac{m_4 + \lambda_4 - \lambda_5}{r_4} = \frac{9{,}20 + 650{,}06 - 652{,}55}{506} = 0{,}013 \text{ kg},$$

$$C_4 = \sqrt{C^2_5 + 2 \cdot 9{,}81 \cdot 3940} = 581 \text{ m/s},$$
$$\Sigma a = 0{,}045 + 0{,}013 = 0{,}058 \text{ kg}.$$

Siebente Stufe. Wir haben

$$\frac{C^2_3 - C^2_4}{2g} = \frac{p_4 - p_3}{\gamma_{4,3}}.$$

Es ist

$$p_4 = 40000;\ p_3 = 30000.$$
$$\gamma_4 = \frac{2{,}16}{0{,}942} = 2{,}29;\ \gamma_3 = 1{,}165 + 0{,}13 = 1{,}78,$$

daher

$$\gamma_{4,3} = \frac{\gamma_3 + \gamma_4}{2} = 2{,}03.$$

Somit wird

$$\frac{C^2_3 - C^2_4}{2g} = \frac{10000}{2{,}03} = 4926 \text{ mkg} = \frac{4926}{428} = 11{,}5 \text{ cal.}$$

Folglich ist

$$a_3 = \frac{m_3 + \lambda_3 - \lambda_4}{r_3} = \frac{11{,}5 + 647 - 650}{513} = 0{,}017 \text{ kg},$$

$$C_3 = \sqrt{C^2_4 + 2 \cdot 9{,}81 \cdot 4926} = 660 \text{ m/s},$$
$$\Sigma a = 0{,}058 + 0{,}017 = 0{,}075 \text{ kg}.$$

Achte Stufe. Wir haben

$$\frac{C^2_2 - C^2_3}{2g} = \frac{p_3 - p_2}{\gamma_{3,2}}.$$

Es ist

$$p_3 = 30000;\ p_2 = 20000.$$
$$\gamma_3 = \frac{1{,}65}{0{,}925} = 1{,}78;\ \gamma_2 = 1{,}13 + 0{,}13 = 1{,}26,$$

daher

$$\gamma_{3,2} = \frac{\gamma_3 + \gamma_2}{2} = 1{,}52.$$

Somit wird

$$\frac{C^2_2 - C^2_3}{2g} = \frac{10000}{1,52} = 6580 \text{ mkg} = \frac{6580}{428} = 15,4 \text{ cal.}$$

Folglich ist

$$a^2 = \frac{m_2 + \lambda_2 - \lambda_3}{r_2} = \frac{15,4 + 643 - 647}{523} = 0,022 \text{ kg,}$$

$$C_2 = \sqrt{C^2_3 + 2 \cdot 9,81 \cdot 6580} = 753 \text{ m/s,}$$

$$\Sigma a = 0,075 + 0,022 = 0,097.$$

Neunte Stufe. Wir haben

$$\frac{C^2_1 - C^2_2}{2g} = \frac{p_2 - p_1}{\gamma_{2,1}}.$$

Es ist

$$p_2 = 20000;\ p_1 = 10000.$$

$$\gamma_2 = \frac{1,13}{0,903} = 1,26;\ \gamma_1 = 0,59 + 0,13 = 0,72,$$

daher

$$\gamma_{2,1} = \frac{\gamma_2 + \gamma_1}{2} = 0,99.$$

Somit wird

$$\frac{C^2_1 - C^2_2}{2g} = \frac{10000}{0,99} = 10000 \text{ mkg} = \frac{10000}{428} = 23,4 \text{ cal.}$$

Folglich ist

$$a_1 = \frac{m_1 + \lambda_1 - \lambda_2}{r_1} = \frac{23,4 + 636,7 - 643}{537} = 0,032 \text{ kg,}$$

$$C_1 = \sqrt{C^2_2 + 2 \cdot 9,81 \cdot 10000} = 876 \text{ m/s,}$$

$$\Sigma a = 0,097 + 0,032 = 0,129 \text{ kg.}$$

Somit beträgt die Ausflussgeschwindigkeit 876 m/s bei einer Dampfmenge von 1 — 0,129 = 0,871 kg pro kg des ausfliessenden Stromes.

Wir können nun unsere ganze Rechnung verificieren.

Die pro kg des Dampfstromes beim Ausfluss entwickelte kinetische Energie beträgt

$$\frac{C^2_1}{2g} = \frac{876^2}{2 \cdot 9,81} = 39100 \text{ mkg} = \frac{39100}{428} = 91,4 \text{ cal.}$$

Daher beträgt die dazu erforderliche Kondens-Wassermenge

$$\Sigma a = \frac{\Sigma m + \lambda_1 - \lambda_{10}}{r_1} = \frac{91,4 + 636,7 - 661,1}{537} = \frac{67}{537} = 0,125 \text{ kg.}$$

Somit ist der Dampfgehalt pro kg der ausfliessenden Strommasse

$$1 - 0{,}125 = 0{,}875 \text{ kg},$$

also nahezu wie zum Schluss der stufenweisen Analyse.

Nun wollen wir das Wesentliche der durchgeführten Ausfluss-Analyse graphisch darstellen, um ein Bild vom Vorgang zu erhalten und um die gewonnenen Zahlenresultate mit Leichtigkeit beurteilen sowie für unsere Zwecke verwerten zu können.

Wenn man die Axe der Ausflussdüse, Fig. 13, vom Ein- bis zum Auslauf in 9 gleiche Spannungsstufen einteilt und am Ende jeder Stufe die zugehörige Geschwindigkeit C als Ordinate aufträgt, so erhält man die C-Kurve, welche die Steigung der Dampfgeschwindigkeit von Stufe zu Stufe darstellt.

Betreffs der gleichmässigen Einteilung der Düse in Spannungsstufen ist zu bemerken, dass dieselbe nur zur graphischen Veranschaulichung der Funktionalbeziehung zwischen den Spannungsänderungen und den zugehörigen Grössen dienen soll. In Wirklichkeit sind die Spannungsstufen längst der Düsenaxe ungleich und zwar unter anderem vom Expansionsgesetz des Dampfes sowie von der Düsengestalt abhängig.

Trägt man ferner nach einem passenden Massstab die Werte von γ für jede Stufe ein, so erhält man die γ-Kurve, welche die stetige Abnahme des Gewichtes pro Volumeneinheit des Dampfstromes längs der Düse zeigt.

Wir haben bei unserer Analyse stillschweigend vorausgesetzt, dass die Entwickelung des Dampfstromes gemäss der Grundgleichung stattfindet, ohne dass die Ausflussdüse einen störenden Einfluss darauf ausübt. Wir wollen nun genau untersuchen, in wie weit dies zutrifft. Wir müssen hierbei vorerst bemerken, dass der Dampf infolge seiner Elastizität der Kontinuitätsgleichung anders genügt als das fast unelastische Wasser und dass ferner selbst die Kontinuitätsgleichung einer vorläufigen genauen Analyse bedarf, um in richtiger Weise dem Sinne nach und nicht vielleicht in unzutreffender Weise dem Buchstaben nach angewandt zu werden.

Es wird nämlich sehr oft sogar von sonst streng logischen Mathematikern angenommen, dass eine strömende Masse

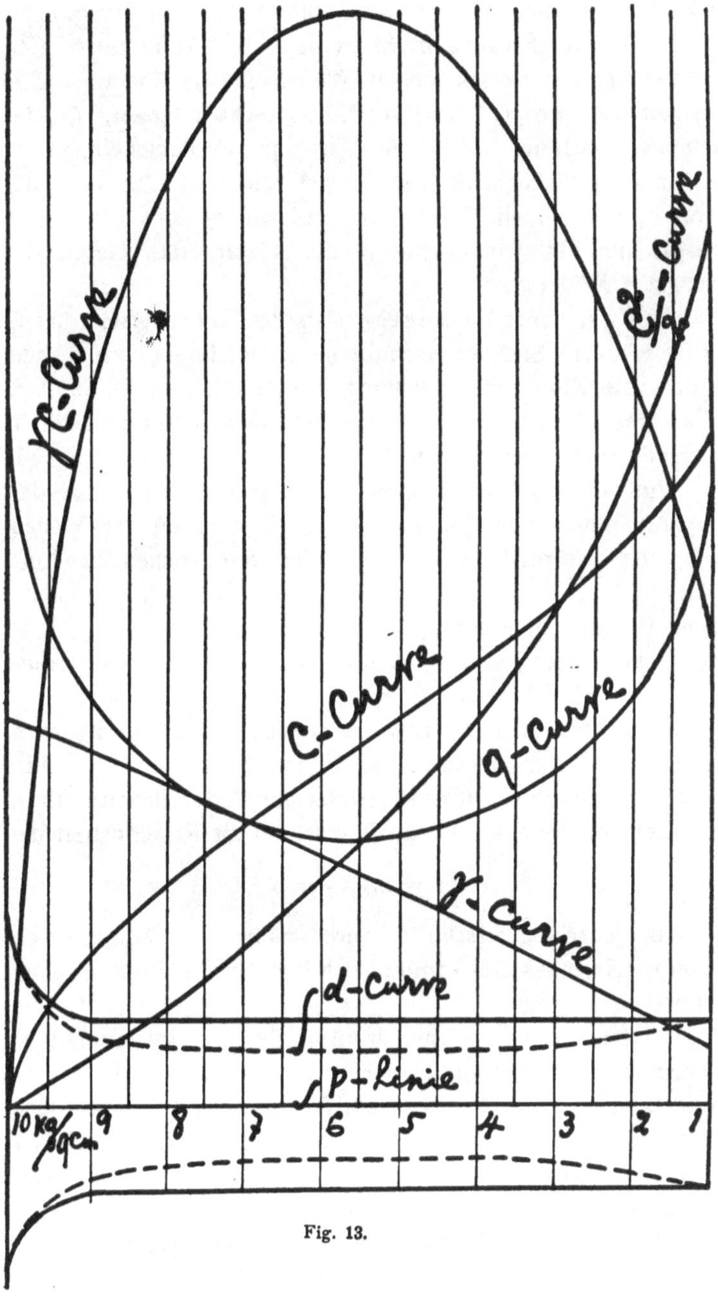
π-Curve
c²/2-Curve
C-Curve
q-Curve
γ-Curve
d-Curve
p-Linie
10 kg/qcm
9
8
7
6
5
4
3
2
1

Fig. 13.

wirklich die dargebotenen Querschnitte einer Düse bezw. einer Rohrleitung durchströmt, d. h. wenn z. B. Dampf durch eine Rohrleitung von verschiedenen Weiten fliesst, überall $\mu Q C$ konstant ist, wo C die Durchflussgeschwindigkeit, Q der Leitungsquerschnitt und μ die Masse pro Volumeneinheit ist.

In der Wirklichkeit verhält sich die Sache anders: der Strom nimmt seinen Querschnitt an, wie es ihm am besten behagt; hier gilt, wie überall in der Natur, das Gesetz des geringsten Widerstandes.

Man hat daher stellenweise statt des Rohrquerschnittes Q den effektiven Stromquerschnitt q in Rechnung zu ziehen, so dass die Kontinuitätsgleichung $M = \mu q C$ dem Sinne nach vollkommen bestehen bleibt, unter M die pro Sekunde durchfliessende Masse verstanden.

Um ein auffallendes Beispiel zu geben, kann man den Vorgang mit einem Luftzug in der Zimmerluft vergleichen, wobei der natürliche Querschnitt der durchziehenden Luftströmung und nicht der Zimmerquerschnitt im Kontinuitätsgesetz in Betracht kommt.

Dies vorausgeschickt, kehren wir nun zur Ausflussdüse zurück.

Bezeichnet man das pro Sek. ausfliessende Dampfgewicht mit G, den Stromquerschnitt an irgend einer Stelle der Düse mit q, insbesondere den Ausflussquerschnitt des Stromes mit q_1, so muss von Querschnitt zu Querschnitt die Relation bestehen

$$q\gamma C = q_1\gamma_1 C_1 = G,$$

da das jeden Querschnitt durchströmende Dampfgewicht dasselbe sein muss, um kontinuirlich den Abfluss durch gleichen Zufluss zu ersetzen.

Da hierbei der Dampfstrom nicht den ganzen Düsenquerschnitt zum Durchfluss zu benutzen braucht, so ist unter q sowie unter q_1 der effektive vom Dampfstrom benutzte Querschnitt zu verstehen, welcher eventuell ganz oder nur stellenweise mit dem dargebotenen wahren Querschnitte Q bezw. Q_1 der Ausflussdüse zusammenfällt.

Da das spezifische Gewicht γ von der Spannung p des Stromes im betreffenden Querschnitte abhängt und die Grösse der Spannung mit der Geschwindigkeit C daselbst zusammenhängt, so sind auch C und γ zugehörige Werte und bestimmen daher den entsprechenden Stromquerschnitt; dieser kann somit kleiner sein als der zugehörige Düsenquerschnitt und eventuell nur mit einem einzigen Düsenquerschnitt zusammenfallen. Derselbe setzt daher dem ausfliessenden Strom eine Grenze und bestimmt das maximal pro Sek. ausfliessende Dampfgewicht. Folglich muss umgekehrt dieser massgebende Grenzquerschnitt nach dem erforderlichen Ausflussgewicht pro Sek. bemessen werden.

Soll nun das pro Sek. ausfliessende Dampfgewicht G kg sein, so hat man die Düse so zu bemessen, dass dieselbe von Querschnitt zu Querschnitt der Bedingung genügt

$$G = q\gamma C,$$

woraus folgt

$$q = \frac{G}{\gamma C}.$$

Somit richtet sich q nach dem Produkt γC, welches das pro Flächeneinheit des Querschnittes durchfliessende Dampfgewicht darstellt.

Indem man für die gefundenen Durchflussgeschwindigkeiten C und für die zugehörigen spezifischen Gewichte γ am Ende jeder Stufe das Produkt γC ausrechnet, so erhält man die folgende Tabelle zusammengehöriger Werte.

Tabelle der Ausflussstufen.

Spannung p kg/qcm	Spez. Gewicht γ kg/qm	Stromgeschw. C m/s	Stromdichte γC kg/ms	Stromquerschn. q qcm	Stromdiam. d cm	Strom-Energie $\frac{C_2}{2}$ m/s
10	5,06	0	0			
9	4,66	200	932	10,73	3,70	20 000
8	4,20	291	1222	8,19	3,23	42 340
7	3,75	369	1375	7,27	3,04	68 080
6	3,27	439	1435	6,96	2,98	96 360
5	2,80	509	1425	7,02	2,99	129 540
4	2,29	581	1336	7,55	3,10	168 780
3	1,78	660	1175	8,57	3,30	217 800
2	1,26	753	949	10,54	3,67	283 505
1	0,72	876	619	16,15	4,54	383 688

Aus dieser Tabelle ist folgendes zu ersehen: Während die Dampfspannung p zusammen mit dem spezifischen Gewichte γ

längst der Ausflussdüse von Stufe zu Stufe sinkt, steigt die Dampfgeschwindigkeit von O ausgehend mehr und mehr; die Stromdichte γC, d. h. das pro Sek. durch die Flächeneinheit des Querschnittes strömende Gewicht, hebt sich zuerst von O aus rasch hinauf, gelangt dann weiter bis zu einem Maximum von ca. 1435 kg bei der Spannung 6 an, kommt allmälig herab und sinkt am Ende der letzten Stufe auf 619 kg pro qcm. Da wir unsere Rechnung von Stufe zu Stufe und nicht für alle Querschnitte der Düse ausgeführt haben, so kann das wahre Maximum etwas von der obigen Zahl verschieden und in der Nähe der ermittelten Stelle sein, was wir nun entweder durch genauere Berechnung von γ und C für die fragliche Stelle oder auch, was noch einfacher ist, graphisch feststellen können, indem wir die gefundenen Werte von γC in die Zeichnung am Ende jeder Stufe eintragen und eine continuirliche Kurve bilden. Auf diese Weise erhalten wir die convexe bergartige γC-Kurve, welche zwischen den Spannungen 6 und 5 in der Nähe von 6 ihren Zenith erreicht. Da nun der effektive Stromquerschnitt q dem Produkte γC umgekehrt proportional ist, so müssen die Werte von q eine konkave talartige Kurve bilden mit dem tiefsten Grund da, wo sich der Zenith von γC befindet.

Setzt man zur Vereinfachung unserer Betrachtungen das pro Sek. erforderliche bezw. durchfliessende Dampfgewicht $G = 1$ kg, so hat man für den Stromquerschnitt von Stufe zu Stufe den Ausdruck

$$q = \frac{G}{\gamma C} = \frac{1}{\gamma C} \text{ qm/kgsek.},$$

also gleich dem reziproken Werte des Produktes γC, welcher auch in der Tabelle unter q in qcm angegeben ist. Indem man die Düse von rundem Querschnitte voraussetzt, erhält man die zu den gefundenen Querschnitten zugehörigen Durchmesser, welche in cm neben den Querschnitten in der Tabelle unter d angegeben sind.

Trägt man die Querschnitte und Durchmesser in die Zeichnung von Stufe zu Stufe ein, so erhält man die q- und d-Kurve, welche bezw. den Querschnitt und den Diameter angeben, den die Düse entsprechend der zugehörigen Spannung mindestens haben muss. Ist daher die Düse zylindrisch, so muss der Ausflussquerschnitt der Düse gleich dem effektiven Ausflussquerschnitt des Stromes sein, um das erforderliche Gewicht G pro Sek. durchlassen zu können; denn die übrigen Düsenquerschnitte sind sämtlich grösser als die zugehörigen effektiven Stromquerschnitte, so dass der Dampf vollkommen frei einen ihm passenden natürlichen Querschnitt annehmen kann, um der Kontinuitätsgleichung $G = q\gamma C$ zu genügen.

Hierbei bildet daher ein Teil des Dampfstromes an der Düsenwandung eine Hülle, welche den Reibungswiderstand des Dampfstromes an der Wandung der Düse vermindert. Es ist selbstverständlich, dass die stauende Dampfhülle teilweise vom Strom mitgerissen wird, so dass streng genommen die Stromgeschwindigkeit an der Wandung ein Minimum und in der Mitte ein Maximum bildet, welches letztere übrigens im Querschnitt vorherrscht und gleich C gesetzt werden kann; die Abschwächung dagegen nach der Wandung hin ist als Verlust durch Reibungswiderstände aufzufassen. Die Gestaltung der Düse nach dem natürlichen Stromquerschnitt würde daher eventuell den Einfluss des Reibungswiderstandes der Wandung erhöhen.

Betreffs der Düsengestaltung entsprechend der Dampfexpansion mögen hier einige Gesichtspunkte entwickelt werden, welche einen klaren Einblick in das Wesen des Gegenstandes gewähren werden.

Zu diesem Zwecke wollen wir das Bild des Ausflusses, Fig. 13, ins Auge fassen und zwar in Verbindung mit der Grundgleichung

$$dp + \mu C dC = O.$$

Hieraus erhält man, indem man $\mu = \frac{\gamma}{g}$ einsetzt,

$$\gamma C = -\frac{dC}{dp}.$$

Nun ist, wie wir gesehen, der Stromquerschnitt ein Minimum, wenn das Produkt γC — das pro Querschnittseinheit und Sekunde durchströmende Gewicht — ein Maximum ist. Nach der Grundgleichung ist γC ein Maximum, wenn

$$\frac{d(\gamma C)}{dp} = -\frac{d^2C}{dp^2} = 0 \text{ ist,}$$

d. h. an einer Stelle, wo die Strombeschleunigung nicht mehr zunimmt und infolgedessen die Geschwindigkeitskurve eine Wendung erhält.

Dies geschieht nahe an der Spannung 6 zwischen 6 und 5, wo auch die γC-Kurve ihren Gipfel erreicht und von wo aus die C-Kurve sich emporschwingt.

Da die γ-Kurve stets zusammen mit der Spannung sinkt, während gleichzeitig die Geschwindigkeitskurve steigt, so muss es notwendig im Verlauf eine Stelle geben, wo das Produkt γC ein Maximum wird und infolgedessen sich der Strom zu einem minimalen Querschnitt zusammenzieht. Die Stelle des Zusammenziehungsquerschnittes in bezug auf den Spannungsabfall ist von der Funktionalbeziehung zwischen p uud γ abhängig, worauf wir später näher eingehen werden. Hier mögen noch einige Bemerkungen und Schlussfolgerungen genügen.

Würde man die Ausflussdüse entsprechend dem effektiven Stromquerschnitt gestalten, so würde dieselbe streng genommen nur für die zu grunde gelegten Verhältnisse passen.

Würde man den engen Querschnitt noch mehr verengen, so würde der so verengte Querschnitt für die Ausflussmenge pro Sek. massgebend sein; der effektive Ausflussquerschnitt des Stromes würde hierbei geringer ausfallen als der wirkliche Endquerschnitt der Düse, welcher daher schädlich sein würde.

Im umgekehrten Falle, wenn man den engen Querschnitt erweitert, so ist der Endquerschnitt der Düse für die Ausflussmenge massgebend; die Düse verhält sich in diesem Falle wie eine zylindrische Düse, jedoch mit dem Mangel, dass die gekrümmten Wandungen auf den Strom störenden Einfluss ausüben.

Ist die Expansionsdüse für eine gegebene Anfangsspannung dimensioniert, so verhält sie sich bei geringeren Spannungen wie eine Düse mit zu engem Minimalquerschnitt, dagegen bei höheren Spannungen wie eine Düse mit zu weitem Minimalquerschnitt: im ersten Falle ist der Minimalquerschnitt massgebend und im zweiten Falle der Endquerschnitt der Düse.

Verlängert man endlich die Verengung der Expansionsdüse, so dass der Dampf beim Durchlaufen des Minimalquerschnittes Zeit genug hat, um zu expandieren, so bleibt bei allen Spannungen der minimale Querschnitt massgebend und zwar wie der gleichmässige Querschnitt einer zylindrischen Düse, während die Düsenerweiterung durch unnütze Stauung nur die Ausflussgeschwindigkeit dämpft und vermindert.

Folglich ist die ganz einfache zylindrische Düse gemäss unserer Analyse für alle Fälle am Zweckmässigsten.*)

Es erübrigt sich zu der durchgeführten stufenweisen Analyse des Ausflusses zu bemerken, dass dieselbe genau in ähnlicher Weise auf den Ausfluss bei einer Gegenspannung von 0,1 kg/qcm, entsprechend den Kondensationsturbinen, anwendbar ist; hierbei ist es zu empfehlen, die Spannungsdifferenz zwischen 1 kg/qcm und 0,1 kg/qcm in 9 Stufen à 0,1 kg/qcm einzuteilen.

Bei der beschriebenen Stufenanalyse des Ausflusses kann man event. von Stufe zu Stufe den etwaigen Wärmeverlust berücksichtigen, den der Dampf durch entsprechende Kondensation ersetzt. Ebenso gestattet die Methode die etwaige Wärmezufuhr von Stufe zu Stufe in Rechnung zu ziehen, wobei sich die Kondensation entsprechend verringert und eventuell der Dampfstrom trocken gesättigt bleibt. Die Behandlung dieses Grenzfalles ist insofern sehr einfach, als die mittleren spezifischen Gewichte jeder Stufe direkt den Tabellen der gesättigten Dämpfe entnommen werden können.

Die beschriebene Stufenmethode lässt sich auch auf die Spannungsabstufung von Dampfturbinen direkt anwenden, besonders wenn die Stufenzahl gross ist, so dass der Dampf von Stufe zu Stufe mit einem mittleren spezifischen Gewichte in Rechnung gezogen werden kann. In der Tat war unsere Ausfluss-Analyse eine Spannungsabstufung in 10 Spannungsstufen, die jede eine gewisse kinetische Energie uns zur Verfügung stellte.

Zum Schluss unserer Ausfluss-Analyse wollen wir noch die bei 10 kg Betriebsspannung und 1 kg Auspuffspannung zum Turbinenantrieb verfügbare Energie pro kg Dampf ausrechnen sowie den Wirkungsgrad der Umwandlung der ver-

*) Vgl. G. Zeuner, Theorie der Turbinen, und auch K. Büchner, Zur Frage der Lavalschen Turbinendüsen. Z. d. V. Deutsch. Ing. 1904, No. 28 und 30.

brauchten thermischen Energie in kinetische Energie bestimmen.

Die pro kg Dampf verfügbare kinetische Energie beträgt

$$\frac{C^2_1}{2g} = \frac{867^2}{2 \cdot 9{,}81} = 39100 \text{ mkg} = \frac{39100}{428} = 91{,}4 \text{ cal.}$$

Der Wärmeaufwand von 0° C aus gerechnet ist

$$\lambda_{10} = 606{,}5 + 0{,}305 \cdot 179 = 661 \text{ cal.}$$

Daher beträgt der Wirkungsgrad der Umwandlung

$$\frac{91{,}4}{661} = 0{,}138 = \sim 0{,}14.$$

Wie die erhaltene kinetische Energie zum Turbinenantrieb durch Geschwindigkeitsabstufung zu benutzen ist, wissen wir schon. Auf die Nutzbarmachung derselben Energie durch Spannungsabstufung wollen wir nunmehr eingehen.

VII. Spannungsabstufung.

Das Problem der Spannungsabstufung besteht darin, das Spannungsgefälle des disponiblen Dampfes bei gegebener Anfangs- und Endspannung in eine gewisse Anzahl von Spannungsstufen einzuteilen, von denen jede eine abgesonderte Dampfturbinen-Abteilung betreiben soll, welche event. ihrerseits mehrere Geschwindigkeitsstufen haben kann.

Die Lösung des Problems kann sowohl graphisch als auch durch Kalkulation erfolgen. Wir wollen zuerst die erste konkretere Methode anwenden und zwar im Anschluss an unsere graphische Ausfluss-Analyse als Einleitung zur Anwendung der generellen abstrakteren Methode mittels spezieller Formeln, welche die Lösung des Problems bedeutend reduzieren.

Wir nehmen daher zunächst zur Begriffsfeststellung ein ganz bestimmtes Problem und zwar passend zu der durchgeführten Ausfluss-Analyse.

Es sei das Dampfgefälle von **10** kg/qcm Anfangs- und **1** kg/qcm Endspannung auf **3** Spannungsstufen von je **4** Geschwindigkeitsstufen zu verteilen.

In der letzten Spalte der Ausflusstabelle ist die kinetische Energie pro Masseneinheit des ausfliessenden Dampfes $\frac{C^2}{2}$ entsprechend dem allmäligen Spannungsverbrauch angegegeben und im zugehörigen Diagramm eingetragen, wo sie die $\frac{C^2}{2}$ - Kurve bildet.

Unsere Aufgabe besteht darin, diese ganze Energie auf drei von einander abgedichtete Spannungsstufen zu verteilen und zwar so, dass die Dampfspannung von Stufe zu Stufe nach und nach in kinetische Energie umgesetzt wird, welche in den vier Geschwindigkeitsstufen jeder Spannungsstufe zum Antrieb benutzt werden soll.

Wir setzen die Turbinenanordnung als symmetrisch voraus, d. h. der Dampf tritt in jede Spannstufe mit derselben Anfangsgeschwindigkeit ein und strömt mit derselben Endgeschwindigkeit aus, welche letztere somit gleich der Auspuffgeschwindigkeit der Turbine ist.

Bezeichnet man daher die Eintrittsgeschwindigkeit jeder Spannstufe mit C_e und die Austrittsgeschwindigkeit mit C_a, so ist die verfügbare kinetische Energie einer jeden Spannstufe

$$\frac{C_e^2}{2} - \frac{C_a^2}{2}.$$

Daher besteht die gesamte verfügbare Dampfenergie aus der dreifachen Grösse dieser partiellen Energie je einer Spannstufe und aus der Auspuffenergie, d. h.

$$\frac{C_1^2}{2} = 3\left(\frac{C_e^2}{2} - \frac{C_a^2}{2}\right) + \frac{C_a^2}{2}.$$

Die verfügbare Energie $\frac{C_1^2}{2}$ ist durch die Anfangs- urd Endspannung des Dampfes bekannt, und die Auspuffenergie $\frac{C_a^2}{2}$ kann passend in Prozenten von $\frac{C_1^2}{2}$ gewählt werden, daher ergiebt sich die kinetische Energie jeder Spannstufe; indem man von der Gesamtenergie die Auspuffenergie abzieht und den Rest in drei Teile teilt, d. h.

$$\frac{C_e^2}{2} - \frac{C_a^2}{2} = \frac{1}{3}\left(\frac{C_1^2}{2} - \frac{C_a^2}{2}\right). \tag{46}$$

Setzt man

$$\frac{C_a^2}{2} = k\,\frac{C_1^2}{2}, \tag{47}$$

so erhält man

$$\frac{C_e^2}{2} - k\,\frac{C_1^2}{2} = \frac{1}{3}\left(\frac{C_1^2}{2} - k\,\frac{C_1^2}{2}\right), \tag{48}$$

woraus

$$\frac{C_e^2}{2} = \frac{1}{3}\,(1 + 2k)\,\frac{C_1^2}{2}. \tag{49}$$

Hiernach kann die kinetische Eintrittsenergie $\frac{C_e^2}{2}$ jeder Spannstufe bestimmt werden, sobald wir k passend angenommen haben.

Die Annahme von k, also der verhältnismässigen Grösse der Auspuffenergie, geschieht genau wie bei reiner Geschwindigkeitsabstufung.

Nehmen wir an

$$k = 3\% = 0{,}03\,,$$

so erhalten wir aus (48)

$$\frac{C_e^2}{2} = 0{,}03\,\frac{C_1^2}{2} + \frac{1}{3}\left(\frac{C_1^2}{2} - 0{,}03\,\frac{C_1^2}{2}\right). \tag{50}$$

Mittels dieser Formel kann man die Spannungsabstufung sowohl graphisch als auch rechnerisch durchführen.

Indem wir auf dem Ausflussdiagramm — Fig. 14 — den graphischen Wert ae der disponiblen Strömungsenergie. $\frac{C_1^2}{2}$ um $3\% = ab$ verringern und den Rest

$$\frac{C_1^2}{2} - 0{,}03\,\frac{C_1^2}{2} = be$$

in drei gleiche Teile $bc = cd = de$ einteilen, so ergeben horizontale Linien durch die Teilungspunkte b, c und d die entsprechenden Punkte b', c' und d' der $\frac{C^2}{2}$ - Curve, und senkrechte Linien durch diese Punkte ergeben die zugehörigen Punkte der C - Kurve.

Insbesondere erhält man hierbei die Eintrittsgeschwindigkeit C_e und die Austrittsgeschwindigkeit C_a jeder Spannstufe, sowie den Spannungsrest und das spezifische Gewicht von Spannstufe zu Spannstufe.

Es handelt sich daher nun darum, jede Spannstufe bei bekannter Ein- und Austrittsgeschwindigkeit, C_e bezw. C_a, in 4 Geschwindigkeitsstufen einzuteilen, wobei das für jede Spannstufe aus der γ-Curve resultierende spezifische Gewicht des

Dampfstromes in Verbindung mit der Stromgeschwindigkeit die Dampfwegweite pro Gewichtseinheit bestimmt.

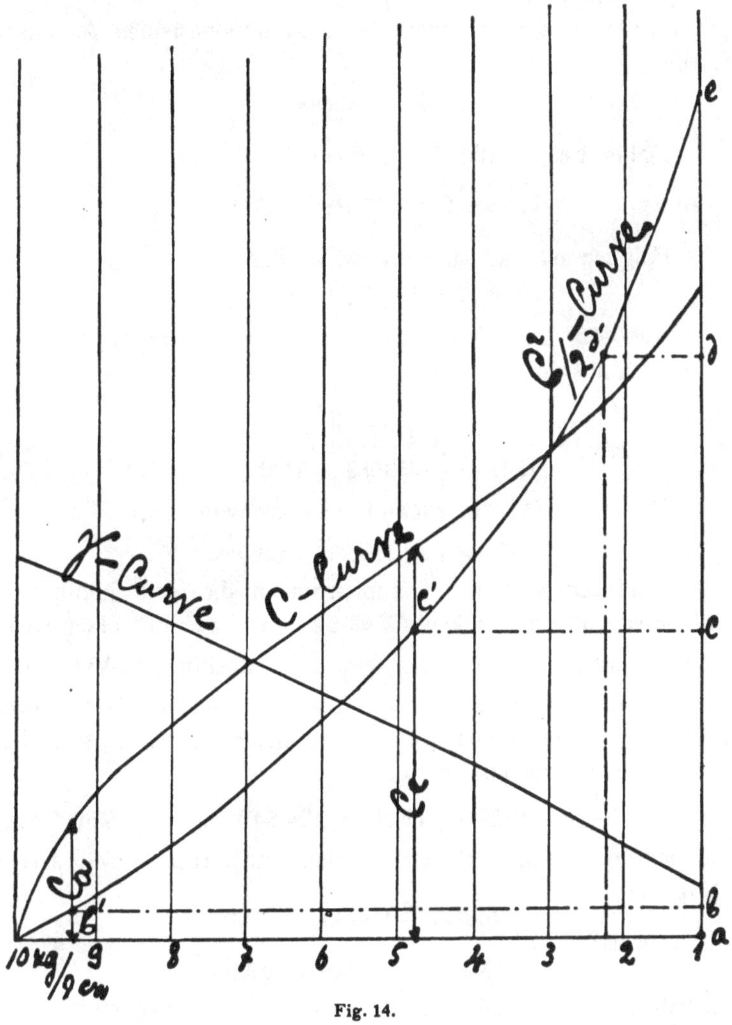

Fig. 14.

Nach dieser summarischen Übersicht, wollen wir nun die Spannungsabstufung rechnerisch durchführen und die graphische Methode zur Verifikation der Rechnung benutzen.

Wir haben für die Auspuffenergie angenommen

$$\frac{C_a^2}{2} = k\,\frac{C_1^2}{2} = 0{,}03\,\frac{C_1^2}{2},$$

wo $\frac{C_1^2}{2}$ die gesamte pro Masseneinheit des Dampfes verfügbare Strömungsenergie ist.

Dieselbe beträgt nach der zusammengestellten Ausflusstabelle

$$\frac{C_1^2}{2} = 383688.$$

Daher beträgt die Auspuffenergie

$$\frac{C_a^2}{2} = 0{,}003 \, . \, 383688 = 11511.$$

Folglich ist die Auspuffgeschwindigkeit

$$C_a = \sqrt{2 \cdot 11511} = 152 \text{ ms.}$$

Aus (46) oder (50) ergiebt sich die Einströmungsenergie jeder Spannstufe:

$$\frac{C_e^2}{2} = \frac{C_a^2}{2} + \frac{1}{3}\left(\frac{C_1^2}{2} - \frac{C_a^2}{2}\right) =$$
$$= 11511 + \frac{1}{3}(383688 - 11511) = 135570.$$

Daher beträgt die zugehörige Geschwindigkeit

$$C_e = \sqrt{2 \cdot 135570} = 521 \text{ ms.}$$

Demnach tritt der Dampfstrom in die erste Spannstufe mit einer Geschwindigkeit $C_e = 521$ ms bzw. mit einer Strömungsenergie $\frac{C_e^2}{2} = 135570$ ein. Die zugehörigen Werte der Dampfspannung sowie des spezifischen Gewichtes lassen sich leicht mit hinreichender Annäherung nach der Ausflusstabelle als Zwischenwerte ausrechnen.

Da $\frac{C_e^2}{2} = 135570$ zwischen 129540 und 168780 liegt, die den Spannungen 5 bezw. 4 Atm. entsprechen und deren Differenz

$$168780 - 129540 = 39240$$

ist, während

$$135570 - 129540 = 6030,$$

so beträgt die Dampfspannung in der ersten Spannstufe

$$p_{s_1} = 50000 - \frac{6030}{39249} \cdot 10000 = 48460 \text{ kg/qm};$$

in analoger Weise ergiebt sich das spezifische Gewicht des Dampfes in der ersten Spannstufe zu

$$\gamma_{s_1} = 2{,}80 - \frac{6030}{39240}(2{,}80 - 2{,}29) = 2{,}72 \text{ kg/cbm.}$$

Der Dampfstrom verlässt somit die erste Spannstufe mit einer Spannung

$$p_{s_1} = 48460 \text{ kg/qm}$$

und mit einer Austrittsgeschwindigkeit

$$C_a = 152 \text{ ms}$$

bzw. mit einer Ausströmungsenergie

$$\frac{C_a^2}{2} = 11511;$$

nun soll die Eintrittsgeschwindigkeit der zweiten Spannstufe wieder $C_e = 521$ ms werden, was einer Strömungsenergie

$$\frac{C_e^2}{2} = 135570$$

entspricht.

Es soll daher aus dem verfügbaren Spannungsrest

$$p_{s_1} = 48460 \text{ kg/qm}$$

noch die Strömungsenergie

$$\frac{C_e^2}{2} - \frac{C_a^2}{2} = 135570 - 11511 = 124059$$

entwickelt werden, so dass die gesamte entwickelte Strömungsenergie alsdann betragen wird:

$$\frac{C_e^2}{2} + \left(\frac{C_e^2}{2} - \frac{C_a^2}{2}\right) = 13557 + 124059 = 259629.$$

Die in der zweiten Spannstufe übrig bleibende Dampfspannung lässt sich wie vorhin nach der Ausflusstabelle ausrechnen und zwar als Zwischenwert zwischen 3 und 2 Atmosphären:

$$p_{s_2} = 30000 - \frac{259629 - 217800}{283505 - 217800} \cdot 10000 = 23634 \text{ kg/qm}.$$

Das zugehörige spezifische Gewicht des Dampfes in der 2ten Spannstufe beträgt analog, gemäss der Ausflusstabelle:

$$\gamma_{s_2} = 1{,}78 - \frac{259629 - 217800}{283505 - 217800}(1{,}78 - 1{,}26) = 1{,}45 \text{ kg/cbm}.$$

Der Dampf verlässt somit die zweite Spannstufe mit einer Spannung

$$p_{s_2} = 23634 \text{ kg/qm}$$

und bei einem spezifischen Gewichte

$$\gamma_{s_2} = 1{,}45 \text{ kg/cbm}$$

und hat wieder eine Austrittsgeschwindigkeit

$$C_a = 152 \text{ ms}$$

bezw. eine Ausströmungsenergie

$$\frac{C_a^2}{2} = 11511.$$

Vermöge der vorhandenen Dampfspannung

$$p_{s_2} = 23634 \text{ kg/qm}$$

geht die Austrittsgeschwindigkeit $C_a = 152$ ms der zweiten Spannstufe in die Eintrittsgeschwindigkeit $C_e = 521$ ms der dritten Spannstufe über, was einer Strömungsenergie

$$\frac{C_e^2}{2} - \frac{C_a^2}{2} = 124059$$

entspricht, so dass nunmehr die gesamte aus der disponiblen Dampfspannung entwickelte Strömunpsenergie beträgt:

$$\frac{C_e^2}{2} + \left(\frac{C_e^2}{2} - \frac{C_a^2}{2}\right) + \left(\frac{C_e^2}{2} - \frac{C_a^2}{2}\right) = 259629 + 124059 = 383688,$$

d. h., wie die Ausflusstabelle zeigt, die ganze disponible Energie, wie es auch der Fall sein muss; und es beträgt folglich in der dritten Spannstufe die Dampfspannung 10000 kg/qm und das spez. Gew. 0,72 kg/cbm.

Nun haben wir folgende Zahlen:

Erste Spannstufe:

Eintrittsgeschwindigkeit $C_e = 521$ ms,
Austrittsgeschwindigkeit $C_a = 152$ ms,
Dampfspannung $p_{s_1} = 48460$ kg/qm,
Spezifisches Gewicht $\gamma_{s_1} = 2{,}72$ kg/cbm.

Zweite Spannstufe:

Eintrittsgeschwindigkeit $C_e = 521$ ms,
Austrittsgeschwindigkeit $C_a = 152$ ms,
Dampfspannung $p_{s_2} = 23634$ kg/qm,
Spezifisches Gewicht $\gamma_{s_2} = 1{,}45$ kg/cbm.

Dritte Spannstufe:

Eintrittsgeschwindigkeit $C_e = 521$ ms,
Austrittsgeschwindigkeit $C_a = 152$ ms,
Dampfspnnnung $p_{s_3} = 10000$ kg/qm,
Spezifisches Gewicht $\gamma_{s_3} = 0{,}72$ kg/cbm.

Indem man die erhaltenen Zahlenwerte mit den Ergebnissen der graphischen Methode — Fig. 14 — gemäss dem gewählten Masstabe vergleicht, so findet man eine vollständige Übereinstimmung zwischen denselben.

Nunmehr bleibt uns die Einteilung jeder Spannstufe in 4 Geschwindigkeitsstufen bei bekannter Ein- und Austrittsgeschwindigkeit zu behandeln übrig.

Da alle drei Spannstufen in Bezug auf Ein- und Austrittsgeschwindigkeit identisch sind und sich nur durch die Dampfspannung bezw. Dampfdichte unterscheiden, so ist in allen die Geschwindigkeitsabstufung genau dieselbe und der einzige Unterschied besteht in der verschiedenen Weite der Dampfwege entsprechend der Dampfdichte der betreffenden Spannstufe.

Wir haben für die Geschwindigkeitsabstufung in ζ Stufen die Formel (41) abgeleitet:

$$C_{e_1} \cos(\beta_e - \alpha_{e_1}) - 2\zeta u \cos \beta_e = C_{a\zeta} \cos(\alpha'_{a\zeta} - \beta_e), \qquad (41)$$

wo C_{e_1} die absolute Eintrittsgeschwindigkeit der ersten Geschwindigkeitsstufe, u die Umfangsgeschwindigkeit und $C_{a\zeta}$ die absolute Austrittsgeschwindigkeit der letzten Geschwindigkeitsstufe ist; während $\beta_e - \alpha_{e_1}$, β_e und $\alpha'_{a\zeta} - \beta_e$ bezw. die Neigungswinkel dieser Geschwindigkeiten gegen die durchwegs konstante Eintrittsrichtung der Drehkanäle sind.

Aus (41) erhält man für die Umfangsgeschwindigkeit:

$$u = \frac{C_{e_1} \cos(\beta_e - \alpha_{e_1}) - C_{a\zeta} \cos(\alpha'_{a\zeta} - \beta_e)}{2\zeta \cos_e}$$

Für β_e haben wir aus praktischen Rücksichten den Wert 30° angenommen; der Winkel α_{e_1}, unter welchem die absolute Geschwindigkeit C_{e_1} eintritt, ist sehr wenig vom relativen Eintrittswinkel β_e verschieden, daher können wir in der obigen Formel $\cos(\beta_e - \alpha_{e_1}) = \sim 1$ setzen; den Winkel $\alpha'_{a\zeta} - \beta_e$ kann man vorläufig $\cong 30^0$ annehmen.

Daher hat man mit hinreichender Genauigkeit zur Bestimmung von u

$$u = \frac{C_{e_1} - C_{a\zeta} \cos 30^0}{2\zeta \cos 30^0}.$$

Nun haben wir im vorliegenden speziellen Falle:

$$C_{e_1} = C_e = 521 \text{ ms},$$
$$C_{a\zeta} = C_a = 152 \text{ ms},$$
$$\zeta = 4.$$

Daher beträgt die erforderliche Umfangsgeschwindigkeit

$$u = \frac{521 - 152 \cdot 0{,}866}{2 \cdot 4 \cdot 0{,}866} \cong 55 \text{ ms}.$$

Unter Zugrundelegung dieser Umfangsgeschwindigkeit können wir nun leicht die Geschwindigkeitsabstufung für alle drei Spannstufen bewerkstelligen und zwar am einfachsten mittels der Geschwindigkeits-Stufenleiter, wie Fig. 15 zeigt.

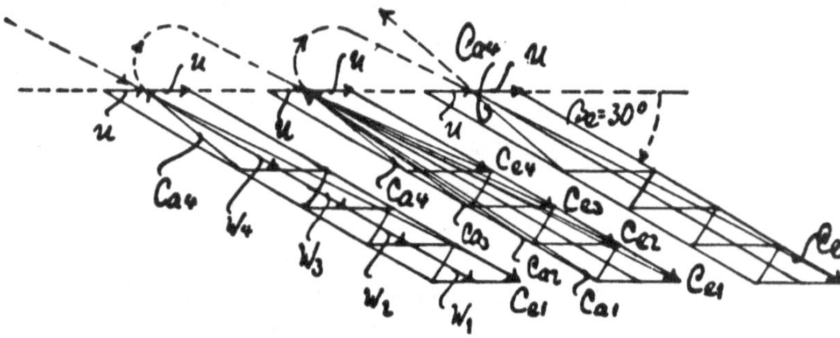

Fig. 15.

Indem wir die Umfangsgeschwindigkeit $u = 55$ ms nach demselben Geschwindigkeitsmasstabe wie $C_{e_1} = C_e = 521$ ms und $C_{a_4} = C_a = 152$ ms eintragen und für jede Spannstufe ein Doppelleiter-Diagramm unter einem Neigungswinkel von 30^0 gegen die Umfangsgeschwindigkeit aufzeichnen, so erhalten wir die sämtlichen absoluten und relativen Geschwindigkeiten der Geschwindigkeitsstufen sowie die bezüglichen Neigungswinkel gegen die Umfangsgeschwindigkeit, so dass auch das spezielle Problem der Geschwindigkeitsabstufung der drei Spannstufen als gelöst betrachtet werden kann.

Es bleibt nur noch übrig, die Dampfwege entsprechend den zugehörigen Geschwindigkeiten zu dimensionieren.

Zu diesem Ende können die Geschwindigkeitsgrössen mit hinreichender Genauigkeit für praktische Zwecke dem Geschwindigkeitsabstufungs-Diagramm nach dem gewählten Masstabe entnommen und in Verbindung mit der bereits ermittelten Dampfdichte jeder Spannstufe benutzt werden, wobei selbstverständlich das pro Sek. disponible Dampfgewicht bekannt sein muss bezw. dasselbe durch die erforderliche Nutzleistung unter Annahme eines zutreffenden Wirkungsgrades zu ermitteln sein wird.

Wir wollen deshalb ein konkretes Beispiel nehmen, um die erhaltenen Resultate an demselben zu veranschaulichen.

Es sei unter den gewählten Spannungs- und Abstufungs-Verhältnissen die pro Stunde zufliessende Dampfmenge 180 kg; es seien unter vorläufiger Abstraktion von Reibungs- und anderweitigen Verlusten die Kanalweiten zu berechnen.

Das pro Sek. zufliessende Dampfgewicht beträgt demnach

$$G = \frac{180}{60 \cdot 60} = 0{,}05 \text{ kg}.$$

Es ist nach dem Kontinuitätsgesetz

$$G = q\gamma C,$$

wo q der Dampfstromquerschnitt in qm, γ das Dampfgewicht in kg pro cbm und C die Dampfstromgeschwindigkeit in m pro Sek. ist.

Daher beträgt der Dampfwegquerschnitt

$$q = \frac{G}{\gamma C},$$

also im vorliegenden Falle

$$q = \frac{0{,}05}{\gamma C} \text{ qcm}.$$

Erste Spannstufe:

Da in der ersten Spannstufe das spezifische Gewicht $\gamma = \gamma_{s_1} = 2{,}72$ kg/cbm ist, so wird die Querschnittsformel

$$q = \frac{500}{2{,}72\, C} = \frac{184}{C} \text{ qcm}.$$

Demnach hat man für die Eintrittsgeschwindigkeit $C_{e_1} = 521$ ms der ersten Geschwindigkeitsstufe

$$q = \frac{184}{521} = 0{,}35 \text{ qcm}.$$

Die relative Geschwindigkeit der ersten Geschwindigkeitsstufe beträgt nach dem Diagramm

$$w_1 = \sim 470 \text{ ms},$$

daher

$$q = \frac{184}{470} = 0{,}39 \text{ qcm}.$$

Die absolute Austrittsgeschwindigkeit C_{a_1} der ersten Geschwindigkeitsstufe beträgt nach dem Diagramm

$$C_{a_1} = \sim 425 \text{ ms},$$

daher

$$q = \frac{184}{425} = 0{,}43 \text{ qcm}.$$

Da die absolute Eintrittsgeschwindigkeit C_{e_2} der zweiten Geschwindigkeitsstufe mit der absoluten Austrittsgeschwindigkeit C_{a_1} der ersten Geschwindigkeitsstufe identisch ist, so ist auch der Kanalquerschnitt derselbe.

Es sei hier gleich bemerkt, dass die absoluten Geschwindigkeiten den Leitkanälen entsprechen, während die relativen Geschwindigkeiten sich auf die Drehkanäle beziehen; die letzteren werden jedoch alle gleich gehalten, während die Leitkanalquerschnitte sich mit der absoluten Dampfgeschwindigkeit ändern und einen entsprechenden Querschnitt der Drehkanäle in Anspruch nehmen; zu diesem Zwecke wählt man für die Drehkanäle den kleinsten Querschnitt, also hier, wie oben für w_1 gefunden, $q = 0{,}39$ qcm event. noch kleiner.

Die absolute Austrittsgeschwindigkeit der zweiten Geschwindigkeitsstufe bezw. die absolute Eintrittsgeschwindigkeit der dritten Geschwindigkeitsstufe ist nach dem Diagramm

$$C_{a_2} = C_{e_3} = 330 \text{ ms},$$

daher

$$q = \frac{184}{330} = 0{,}56 \text{ qcm}.$$

Die absolute Austrittsgeschwindigkeit der dritten Geschwindigkeitsstufe bezw. die absolute Eintrittsgeschwindigkeit der vierten Geschwindigkeitsstufe beträgt

$$C_{a_3} = C_{e_4} = 290,$$

daher

$$q = \frac{184}{290} = 0{,}64 \text{ qcm}.$$

Die absolute Austrittsgeschwindigkeit der vierten Geschwindigkeitsstufe bezw. der ganzen ersten Spannstufe beträgt

$$C_a = 152 \text{ ms},$$

daher

$$q = \frac{184}{152} = 1{,}21 \text{ qcm}.$$

Zweite Spannstufe:

In der zweiten Spannstufe ist $\gamma = \gamma_{s_2} = 1{,}45$, daher wird die Querschnittsformel

$$q = \frac{500}{1{,}45 \cdot C} = \frac{345}{C} \text{ qcm.}$$

Daher hat man für die Eintrittsgeschwindigkeit $C_{e_1} = 521$ der ersten Geschwindigkeitsstufe

$$q = \frac{345}{521} = 0{,}66 \text{ qcm.}$$

Somit muss der Austrittskanal der ersten Spannstufe seinen Querschnitt von 1,21 qcm auf 0,66 qcm beim Übertritt in die zweite Spannstufe verringern.

Demnach hat man für:

$$C_{a_1} = C_{e_2} = 425 \text{ ms} \quad q = \frac{345}{425} = 0{,}81 \text{ qcm;}$$

$$C_{a_2} = C_{e_3} = 330 \text{ ms} \quad q = \frac{345}{330} = 1{,}05 \text{ qcm;}$$

$$C_{a_3} = C_{e_4} = 290 \text{ ms} \quad q = \frac{345}{290} = 1{,}19 \text{ qcm;}$$

$$C_{a_4} = 152 \text{ ms} \quad q = \frac{345}{152} = 2{,}26 \text{ qcm.}$$

Dritte Spannstufe:

In der dritten Spannstufe ist $\gamma = \gamma_{s_3} = 0{,}72$; daher

$$q = \frac{500}{0{,}72\, C} = \sim \frac{690}{C},$$

also zweimal grösser als die entsprechenden Querschnitte der zweiten Spannstufe.

Folglich hat man für:

$$C_{e_1} = 521 \text{ ms} \quad q = 1{,}32 \text{ qcm;}$$
$$C_{a_1} = C_{e_2} = 425 \text{ ms} \quad q = 1{,}62 \text{ qcm;}$$
$$C_{a_2} = C_{e_3} = 330 \text{ ms} \quad q = 2{,}10 \text{ qcm;}$$
$$C_{a_3} = C_{e_4} = 290 \text{ ms} \quad q = 2{,}38 \text{ qcm;}$$
$$C_{a_4} = 152 \text{ ms} \quad q = 4{,}52 \text{ qcm.}$$

Die Leitwinkel können dem Geschwindigkeitsstufendiagramm direkt entnommen werden; da übrigens die absoluten Eintrittswinkel, ebenso wie die absoluten Austrittswinkel, von einander wenig verschieden sind, so kann man für jede der beiden Gruppen einen Mittelwert wählen, etwa 24^0 bezw. 36^0.

Dies genüge als Einleitung zur generellen Spannungsabstufung auf Grund spezieller Formeln.

VIII. Wärme und Grundgesetze der Zustandsänderung.

Wir wollen die Wärme, welche die Quelle der Spannkraft des Dampfes bildet, vom Standpunkte der Grundprinzipien der Mechanik aus analysieren, um alle Einzelheiten der Dampfturbinentheorie einheitlich in ein Ganzes zusammenzufassen.

Wir bezeichnen wieder das Produkt MC aus der Masse M und der Geschwindigkeit C eines Körpers mit dem Worte „Schwung".

Schwung bildet den Grundfaktor in der Mechanik, indem jede Kraft ihrem Wesen nach eine Schwungäusserung pro Zeiteinheit darstellt und jede Arbeitsverrichtung in einer Schwungübertragung von der treibenden Masse auf die getriebene Masse besteht. Insbesondere z. B. bei Dampfturbinen wird die Dampfspannung, welche ihrem Wesen nach aufgespeicherter Schwung ist, dazu benutzt, die Dampfmasse in Schwung zu setzen, welche sodann ihren Schwung beim Durchlaufen des Schaufelkranzes auf das Turbinenrad überträgt.

In der Wärme haben wir zwei Grössen von einander zu unterscheiden: Temperatur und Wärmemenge.

Wärmemenge ist bekanntlich ihrem Wesen nach mechanische Energie.

Was ist Temperatur? -- Temperatur ist Schwung, und zwar bezogen auf Raum und Zeit.

Bezeichnet man nämlich die maximale Vibrationsgeschwindigkeit eines warmen Massenelementes mit c und dessen Masse mit m, so ist die Grösse $m \frac{c^2}{2}$ seine mechanische Energie, welche die Wärmemenge bildet; die Grösse $m c$ dagegen ist sein Schwung, den wir als Temperatur wahrnehmen und zwar proportional der Stärke und der Schnelligkeit der Schläge, die das Massenelement, etwa auf unseren Finger bei Berührung, mehrfach nacheinander ausübt.

Die Temperatur kann daher aufgefasst werden als eine durch wiederholte Schläge potenzierte Schwungausübung an derselben Stelle pro Zeiteinheit. So gelangen wir zu der mechanischen Definition der Temperatur als Schwungäusserung pro Flächen- und Zeiteinheit oder, was dasselbe ist, als Wärmekraft pro Flächeneinheit.

Demnach sind Temperatur und Spannung analoge Grössen, indem sie beide ihrem Wesen nach aus Schwung bestehen, jedoch sich als statische Zustände vermöge ihrer eigenartigen Potenzierbarkeit verschieden äussern, ähnlich wie man durch wiederholten An- und Abprall desselben Wasserstrahles den statischen Druck desselben auf eine Fläche beliebig potenzieren kann, ohne jedoch das Wesen des Druckes zu ändern.

In der Tat erleiden die Körper in Bezug auf Temperatur und Spannung bekanntlich analoge Aenderungen, wobei eine entsprechende Abnahme an Temperatur bezw. Spannung stattfindet. Es bestehen somit zwischen Temperatur-, Spannungs- und Volumen-Änderungen analoge Beziehungen.

Vom Prinzip einer vollkommenen Analogie ausgehend, stelle ich zunächst zur Formulierung des Grundgesetzes der Zustandsänderung von gesättigten Wasserdämpfen die folgenden Differentialgleichungen potenzierter Analogie auf:

$$\frac{dp}{p} = \gamma \frac{dt}{a+t} = \gamma\alpha \frac{dt}{1+\alpha t} \tag{I}$$

$$\frac{dv}{v} = -\zeta \frac{dt}{a+t} = -\zeta\alpha \frac{dt}{1+\alpha t} \tag{II}$$

Hier ist p die Spannung pro Flächeneinheit; v das Volumen des Dampfes pro Gewichtseinheit abzüglich des Wasservolumens der Gewichtseinheit; $a+t=\frac{1}{\alpha}+t$ die Temperatur des Wasserdampfes vom Punkte aus, wo seine Spannung p gleich Null ist. Es sind also p und $a+t$ zusammengehörige Werte; γ und ζ sind Grundzahlen, welche die potenzierte Analogie zwischen den Aenderungen von p, v und $a+t$ ausdrücken.

Die Integration von (I) und (II) ergibt:

$$p = p_0 (1+\alpha t)^{\gamma} \tag{III}$$

und

$$v = v_0 (1+\alpha t)^{-\zeta}, \tag{IV}$$

worin γ_0 und p_0 die Werte von p und v für $t=0$ bezeichnen.

Man erhält aus (III) und (IV) durch Multiplikation von p und v

$$pv = p_0 v_0 (1 + \alpha t)^{\gamma - \zeta} = p_0 v_0 (1 + \alpha t)^{\sigma}, \tag{V}$$

indem man kurz

$$\gamma - \zeta = \sigma \tag{51}$$

setzt.

Potenziert man p mit ζ und v mit γ, so ergibt das Produkt der so geformten Potenzen nach (III) und (IV):

$$p^{\zeta} v^{\gamma} = p_0^{\zeta} v_0^{\gamma} \tag{52}$$

oder auch

$$p v^k = p_0 v_0^k \tag{53}$$

bezw.

$$p^n v = p_0^n v_0, \tag{54}$$

indem man $\frac{\gamma}{\zeta} = k = \frac{1}{n}$ setzt.

Die Gleichungen (52), (53) und (54) sind der Form nach wohl bekannt, dagegen ist die hier gegebene Ableitungsmethode nebst den vorhergehenden systematischen Entwickelungen auf einheitlicher Grundlage neu.

Die Gleichungen (52), (53) und (54) hätte man auch aus (I) und (II) erhalten können, da nach denselben

$$\left.\begin{aligned} \zeta \frac{dp}{p} + \gamma \frac{dv}{v} &= 0 \\ \text{oder} \quad \frac{dp}{p} + k \frac{dv}{v} &= 0 \end{aligned}\right\} \tag{55}$$

bezw.

$$\frac{dv}{v} = -n \frac{dp}{p}, \tag{56}$$

aus welchen sich durch Integration die genannten Gleichungen ergeben.

Ebenso können wir die Grundformel (V) direkt aus (I) und (II) ableiten, deren gliedweise Addition ergibt:

$$\frac{d\,(pv)}{pv} = (\gamma - \zeta) \frac{dt}{a + t} = \sigma\alpha \frac{dt}{1 + \alpha t}, \tag{VI}$$

und hieraus ergibt sich durch Integration die Formel (V).

Es ist wohl zu beachten, dass die sämtlichen Differentialgleichungen (I), (II), (56) und (VI) analog gebaut sind und daher, aus einem und demselben Naturprinzip der potenzierten Analogie abgeleitet, zu harmonisch aufgebauten Formeln führen.

Insbesondere ist die Grundformel (V) die generelle Form der Zustandsgleichung, nicht nur auf gesättigte, sondern auch auf überhitzte Dämpfe anwendbar, während die Formeln (III) und (IV) nur Spezialfälle zum Ausdruck bringen und die zugehörige Zustandskurve angeben, welche in der durch die Zustandsgleichung (V) dargestellten Fläche enthalten ist. Daher drückt die Formel (V) allein genommen das Grundgesetz der Zustandsänderung von Wasserdämpfen aus; dieselbe hat eine potenzierte Analogie mit der Mariotte-Gay-Lussac'schen Formel für permanente Gase, welche nur eine erste Annäherung an die Wahrheit ist; denn auf Grund des Satzes von Maclaurin für Reihenentwickelung einer Funktion

$$pv = f(t) = f(0) + \frac{t}{1} f'(0) + \text{etc.},$$

folgt

$$pv \cong f(0) \left\{ 1 + \frac{f'(0)}{f(0)} t \right\}.$$

Wenn man die Potentialformeln (III), (IV) und (V) in Reihen entwickelt und die ersten Potenzen von t berücksichtigt, so erhält man:

$$p = p_0 (1 + \gamma \alpha t), \tag{57}$$

$$v = v_0 (1 - \zeta \alpha t), \tag{58}$$

und

$$pv = p_0 v_0 \left\{ 1 + (\gamma - \zeta) \alpha t \right\} = p_0 v_0 (1 + \delta t), \tag{59}$$

indem man

$$(\gamma - \zeta) \alpha = \delta$$

setzt.

Die Formel (59) stimmt mit der kombinierten Formel von Mariotte und Gay-Lussac überein.

Aus dieser Uebereinstimmung ersieht man näherungsweise den Sinn sowie die gegenseitigen Beziehungen der Grundzahlen γ, ζ und α, da die gesättigten Wasserdämpfe einen Spezialfall bilden, welcher jedoch die Grundstruktur des Gesetzes der Zustandsänderung in sich einschliesst.

Nachdem wir die gegenseitigen Beziehungen zwischen den drei Hauptgrössen v, p und t durch die Formeln (III), (IV) und (V) für gesättigte Dämpfe ausgedrückt haben, wollen wir nun die Grundzahlen γ, α und ζ in Einklang mit den Versuchsergebnissen bestimmen, welche durch die Tabellen der gesättigten Wasserdämpfe dargestellt sind.

Hierbei ist es ausdrücklich im Voraus hervorzuheben, dass $a = \frac{1}{\alpha}$ die Temperatur in Celsius von dem Punkte aus darstellt, für welchen die Wasserdampfspannung gleich Null ist, sodass $a + t$ die Spannungstemperatur des Wasserdampfes genannt werden kann.

Zur Bestimmung der Grundzahlen kann man die Formeln (III), (IV) und (V) auf irgend zwei verschiedene Temperaturen beziehen, wobei man erhält:

$$p = p_1 \left\{\frac{1+\alpha t}{1+\alpha t_1}\right\}^{\gamma} = p_1 \left\{\frac{a+t}{a+t_1}\right\}^{\gamma}, \tag{60}$$

$$v = v_1 \left\{\frac{1+\alpha t}{1+\alpha t_1}\right\}^{-\zeta} = v_1 \left\{\frac{a+t}{a+t_1}\right\}^{-\zeta}, \tag{61}$$

$$pv_1 = p_1 v_1 \left\{\frac{1+\alpha t}{1+\alpha t_1}\right\}^{\gamma-\zeta} = p_1 v_1 \left\{\frac{a+t}{a+t_1}\right\}^{\sigma}, \tag{62}$$

indem man, wie früher, kurz

$$\gamma - \zeta = \sigma \quad \text{setzt.}$$

Nach den Tabellen der gesättigten Dämpfe ergeben sich

$$\alpha = 0{,}016; \text{ also } a = \frac{1}{\alpha} = 62{,}5 = \sim 63.$$

$$\gamma = 5{,}7;\ \zeta = 5{,}36;\ \text{also } \gamma - \zeta = \sigma = 0{,}34;$$

Demnach haben wir nach (60), (61) und (62) für irgend welche zusammengehörige Werte von t, p und v die folgenden Formeln:

$$p = p_1 \left\{\frac{1+0{,}016t}{1+0{,}016t_1}\right\}^{5,7} = p_1 \left\{\frac{62{,}5+t}{62{,}5+t_1}\right\}^{5,7}, \tag{63}$$

$$v = v_1 \left\{\frac{1+0{,}016t}{1+0{,}016t_1}\right\}^{-5,36} = v_1 \left\{\frac{62{,}5+t}{62{,}5+t_1}\right\}^{-5,36}, \tag{64}$$

$$pv = p_1 v_1 \left\{\frac{1+0{,}016t}{1+0{,}016t_1}\right\}^{0,34} = p_1 v_1 \left\{\frac{62{,}5+t}{62{,}5+t_1}\right\}^{0,34}. \tag{65}$$

Setzt man zusammengehörige Zahlenwerte aus den Tabellen statt t_1, p_1 und v_1 in diese Formeln ein, so erhält man

$$p = 45\,(1+0{,}016t)^{5,7}, \tag{VII}$$

$$v = 276\,(1+0{,}016t)^{-5,36}, \tag{VIII}$$

$$pv = 12420\,(1+0{,}016t)^{0,34}, \tag{IX}$$

worin t die Dampftemperatur in Celsius, p die Dampfspannung in kg pro qm und v das Dampfvolumen in cbm pro kg ist.

Diese Formeln haben ihre Hauptbedeutung bei Lösung von verschiedenen Problemen, können jedoch u. a. auch dazu benutzt werden, um nach gegebener Temperatur die Grössen p, v und pv oder umgekehrt zu bestimmen.

Zahlenbeispiel: Es sei die Temperatur des gesättigten Dampfes $t = 150°$ C.; wie gross sind p, v und $p\,v$?

Man hat nach (VII), (VIII) und (IX)

$$p = 45\,(1 + 0{,}016 \cdot 150)^{5,7},$$
$$v = 276\,(1 + 0{,}016 \cdot 150)^{-5,36},$$
$$pv = 12420\,(1 + 0{,}016 \cdot 150)^{0,34}.$$

Hieraus erhält man:

$$log\ p = log\ 45 + 5{,}7\ log\,(1 + 0{,}016 \cdot 150) = log\ 45 + 5{,}7\ log\ 3{,}4 =$$
$$= log\ 45 + 5{,}7\,.\,0{,}53148 = 1{,}65321 + 3{,}029436 = 4{,}68264;$$

daher $p = 48100 \text{kg/qm} = 4{,}81$ kg/qcm.

$$log\ v = log\ 276 - 5{,}36\ log\,(1 + 0{,}016 \cdot 150) = 0{,}59318 - 1;$$

daher $v = 0{,}3920$ cbm/kg.

$$log\ pv = log\ 12420 + 0{,}34\ log\,(1 + 0{,}016 \cdot 150) = 4{,}2748;$$

daher $pv = 18840$ mkg.

Ein Vergleich der gefundenen Werte mit den Tabellenangaben zeigt die fast vollkommene Genauigkeit in der Uebereinstimmung, indem die gefundenen Zahlenwerte von p, v und $p\,v$ der Temperatur 150°,1 der Tabellen entsprechen, so dass die Differenz nur 0°,1 C. beträgt, was für Gebrauchszwecke vernachlässigt werden kann.

Betreffs der abgeleiteten Formeln sind einige Bemerkungen notwendig.

Dass die ermittelten Grundzahlen von den genauen Werten der wahren Zahlen etwas abweichen können, ist wohl möglich, da schon die Dezimalbrüche für praktische Zwecke abgerundet worden sind; dass jedoch die Abweichung sehr gering ist, folgt aus der Übereinstimmung der Formelwerte mit den Tabellenwerten; die abgeleiteten Formeln können somit als Ausdruck der ihnen zu Grunde liegenden Gesetze angesehen werden.

Unter den ermittelten Zahlen verdient die Temperaturgrösse $a = \frac{1}{\alpha} = 63^0$ C. eine besondere Beachtung. Nach den Formeln soll der Wasserdampf bei $(1 + 0{,}016t) = 0$

also bei einer Temperatur $t = -\frac{1}{0{,}016} = -63^0$ C.

keine Spannung mehr besitzen, d. h. den absoluten Nullpunkt der Spannung haben. Ob dies genau bei -63^0 oder bei ungefähr -63^0 der Fall ist, darauf kommt es nicht an, sondern auf die Schlussfolgerung, dass man 63^0+t als die absolute Temperatur des Wasserdampfes bezeichnen könnte und zwar mit demselben Rechte, mit welchem man 273^0+t als die absolute Lufttemperatur bezeichnet; es liegt kein Grund vor, Fremdes in die Formeln für Wasserdämpfe einzuführen, welche nach den abgeleiteten Grundformeln eine ihnen charakteristische absolute Temperatur von ihrem eigenen Spannungsnullpunkte aus besitzen.

Nach diesen Bemerkungen kehren wir nun zu den gefundenen Grundformeln zurück.

Wenn man im Raume ein rechtwinkliges Cordinatensystem nimmt und dessen drei Axen bezw. für Temperatur, Pressung und Volumen benutzt, so stellt Gl. (IX)

$$pv = 12420\,(1+0{,}016t)^{0{,}34}$$

eine Fläche und zwar die Fläche der Wasserdämpfe dar.

Die zwei Gleichungen (VII) und (VIII)

$$p = 45\,(1+0{,}016t)^{5{,}7}$$

$$v = 276\,(1+0{,}016t)^{-5{,}36}$$

stellen zusammen eine Raumkurve und zwar die Grenz- oder noch bezeichnender die Sättigungs-Kurve dar, welche in der obigen Fläche liegt.

Man kann auch die Sättigungskurve in p und v allein ausdrücken, indem man die Temperatur eliminiert, nämlich durch

$$p^{5{,}36}\cdot v^{5{,}7} = 45^{5{,}36}\cdot 276^{5{,}7}$$

woraus, da

$$\frac{5{,}36}{5{,}7} = 0.94, \quad \text{folgt}$$

$$vp^{0{,}94} = 9850. \qquad (66)$$

Dies ist nahezu identisch mit der empirischen Grenzkurvenformel

$$pv^{1{,}0646} = 17671, \qquad (67)$$

welche Zeuner nach den Tabellen der gesättigten Dämpfe in dieser für Kolbendampfmaschinen passenden Form abgeleitet hat, während die aus meinen Grundformeln abgeleitete Form mit p als Hauptvariable für Dampfturbinen zweckmässiger ist.

Bei gesättigten Dämpfen verdient besondere Beachtung die Arbeitsleistung ohne Ab- und Zufuhr von Wärme, was man adiabatische Zustandsänderung nennt. Das Wesen dieser Zustandsänderung der gesättigten Wasserdämpfe besteht darin, dass sich der gesättigte Dampf, bei der Expansion während des Schiebens des Kolbens und beim Ausfluss während der Entwickelung der Strömungsenergie, teilweise kondensiert und deshalb entsprechend nass wird. Da hierbei Dampf und Kondenswasser innig gemischt sind, so verringert sich entsprechend das Volumen pro Gewichtseinheit um so mehr, je weiter der Dampf expandiert.

Zeuner hat für diese Zustandsänderung die empirische Formel

mit
$$\left.\begin{aligned} p v^k &= p_1 v_1^k \\ k &= 1{,}135 \end{aligned}\right\} \qquad (68)$$

aus Versuchsergebnissen abgeleitet, wonach das Volumen pro Gewichtseinheit aus der jeweiligen Dampfspannung p bestimmt werden kann; p_1 und v_1 beziehen sich insbesondere auf den Anfangszustand, welcher gegeben ist und daher bekannt.

Es ist zu bemerken, dass Zeuner eigentlich

$$k = 1{,}035 + 0{,}1\, x$$

setzt, worin x das Gewicht des trockenen Dampfes in einem kg des nassen Dampfes am Anfang der Zustandsänderung bedeutet; dann setzt er unter der Voraussetzung, der Dampf sei am Anfang trocken gesättigt

$$x = 1,$$

daher
$$k = 1{,}135.$$

Nun ist Zeuner's Auffassung von k als abhängig von x eine ganz unnötige Verwickelung der mathematischen Operationen; denn die Beziehung

$$p v^{1,135} = p_1 v_1^{1,135}$$

gilt vom Anfang bis zum Ende der Zustandsänderung, welche eventuell, wie z. B. bei Spannungsabstufung, in einzelne Stufen zerlegt werden kann, jede mit eigenem Anfang und Ende; folglich ist kein Grund vorhanden, warum gerade der Ausgangszustand infolge der Nässe eine Ausnahme bilden soll, sobald v_1, genau in derselben Weise wie v in der ganzen Zustandsänderung, das Volumen des Dampfes – sei er trocken oder nass – pro Gewichtseinheit bedeutet, was bei bekanntem x genau bestimmt werden kann, ohne dass man an

$$k = 1,135$$

etwas zu ändern gezwungen ist.

Da diese konstante $k = 1,135$ den Versuchsergebnissen entspricht und für die Bestimmung der Ausflussgeschwindigkeit der gesättigten Dämpfe notwendig ist, so wollen wir dieselbe in unsere Grundformeln

$$p = p_1 \left(\frac{1 + \alpha t}{1 + \alpha t_1}\right)^{\gamma},$$

$$v = v_1 \left(\frac{1 + \alpha t}{1 + \alpha t_1}\right)^{-\zeta}$$

und

$$pv = p_1 v_1 \left(\frac{1 + \alpha t}{1 + \alpha t_1}\right)^{\gamma - \zeta}$$

auch einführen.

Aus den ersten beiden erhält man durch Elimination der Temperatur, wie gezeigt,

$$p^{\zeta} v^{\gamma} = p_1^{\zeta} v_1^{\gamma}$$

oder

$$p v^{\gamma/\zeta} = p_1 v_1^{\gamma/\zeta}.$$

Ein Vergleich dieser Formel mit der Zeuner'schen (68) zeigt, dass

$$\gamma/\zeta = k = 1,135$$

ist.

Zur Bestimmung von γ und ζ dient die folgende Erwägung.

Da die Spannung p von der Nässe des Dampfes unabhängig ist, so ist p genau ebenso gross wie beim trockenen gesättigten Dampf derselben Temperatur, daher auch hier

$$\gamma = 5,7.$$

Dagegen ist das spezifische Volumen des nassen Dampfes von dem des trocken gesättigten Dampfes gleicher Temperatur verschieden; es ergibt sich für dasselbe eine andere Grösse von ζ, welche durch Kombination der beiden obigen Beziehungen

$$\zeta = \frac{\gamma}{k} = \frac{5,7}{1,135} = 0,88 \cdot 5,7 = 5,0$$

bestimmt ist.

Daher hat man auch für die dritte Grundformel

$$\gamma - \zeta = 5{,}7 - 5{,}0 = 0{,}7.$$

Die Temperatur-Konstante $\alpha = 0{,}016$ bleibt wie früher unveränderlich, weil dieselbe sich auf alle Wasserdämpfe bezieht; dieselbe ist

$$-\frac{1}{\alpha} = -a = -\frac{1}{0{,}016} = -\sim 63^0\,C$$

und gibt den Spannungsnullpunkt des Wasserdampfes an, welcher stets derselbe ist, ob der Dampf nass, trocken gesättigt oder überhitzt ist.

Daher lauten die Grundformeln für die fragliche Zustandsänderung des gesättigten Dampfes ohne Ab- und Zufuhr von Wärme:

$$p = p_1 \left(\frac{1 + 0{,}016t}{1 + 0{,}016t_1}\right)^{5,7}, \tag{69}$$

$$v = v_1 \left(\frac{1 + 0{,}016t}{1 + 0{,}016t_1}\right)^{-5,0}, \tag{70}$$

$$pv = p_1 v_1 \left(\frac{1 + 0{,}016t}{1 + 0{,}016t_1}\right)^{0,7}, \tag{71}$$

Diese drei Grundformeln drücken die adiabatische Zustandsänderung des gesättigten Dampfes aus und können dazu benutzt werden, alle darauf bezüglichen Fragen zu beantworten und Probleme zu lösen, insbesondere z. B. das Problem des Ausflusses des gesättigten Dampfes ohne Zu- und Abfuhr von Wärme, bezw. das Problem der Spannungsabstufung bei Dampfturbinen mit Spannungs- und Geschwindigkeitsstufen.

Wir wollen hier beispielsweise die Ausflussgeschwindigkeit des gesättigten Dampfes bei einer Anfangstemperatur t_1 entsprechend einer Anfangsspannung p_1 und bei einer Endtemperatur t_0 entsprechend einer Endspannung p_0 bestimmen.

Wenn wir die Temperatur in irgend einem Moment der Zustandsänderung mit t bezeichnen und die entsprechende Spannung mit p sowie das zugehörige Volumen mit v, so haben wir für den Dampfstrom die Differentialgleichung

$$vdp + \frac{CdC}{g} = 0;$$

hieraus folgt

$$\frac{CdC}{g} = -vdp.$$

Hiernach können wir entweder, wie es üblich ist, durch Einführung der Zeuner'schen Formel (68) die Ausflussgeschwindigkeit als Funktion der Spannung bestimmen oder auch, wie wir es hier tun wollen, mittels unserer Grundformeln für p und v die Ausflussgeschwindigkeit als Funktion der Temperatur ausdrücken.

Wir erhalten zuerst in der generellen Fassung, indem wir die Formeln von p und v vorläufig ohne Angabe der Zahlenwerte für α, γ und ζ gebrauchen,

$$\frac{CdC}{g} = -vdp = -v_1\left(\frac{1+\alpha t}{1+\alpha t_1}\right)^{-\zeta} d\left\{p_1\left(\frac{1+\alpha t}{1+\alpha t_1}\right)^{\gamma}\right\} =$$

$$= -p_1 v_1 \gamma \left(\frac{1+\alpha t}{1+\alpha t_1}\right)^{\gamma-\zeta-1} d\left(\frac{1+\alpha t}{1+\alpha t_1}\right) =$$

$$= -\frac{\gamma}{\gamma-\zeta} p_1 v_1 d\left(\frac{1+\alpha t}{1+\alpha t_1}\right)^{\gamma-\zeta}.$$

Hieraus erhält man durch Integration von der Anfangstemperatur t_1 bis zu einer Temperatur t

$$\frac{C^2 - C_1^2}{2g} = \frac{\gamma}{\gamma-\zeta} p_1 v_1 \left\{1 - \left(\frac{1+\alpha t}{1+\alpha t_1}\right)^{\gamma-\zeta}\right\}. \qquad \text{(X)}$$

Hieraus ergibt sich insbesondere für die fragliche adiabatische Zustandsänderung, indem man die Zahlenwerte von α, γ und ζ einführt,

$$\frac{C^2 - C_1^2}{2g} = \frac{5,7}{0,7} p_1 v_1 \left\{1 - \left(\frac{1+0,016t}{1+0,016t_1}\right)^{0,7}\right\} =$$

$$= 8,14\, p_1 v_1 \left\{1 - \left(\frac{1+0,016t}{1+0,016t_1}\right)^{0,7}\right\}.$$

Ist die Anfangsgeschwindigkeit des Dampfes bei der Spannung p_1

$$C_1 = 0$$

und ist die Endtemperatur t_0, so beträgt die Ausflussgeschwindigkeit C_0

$$C_0 = \sqrt{2g \cdot 8,14 \cdot p_1 v_1 \left\{1 - \left(\frac{1+0,016t_2}{1+0,016t_1}\right)^{0,7}\right\}}. \qquad (72)$$

Nun wollen wir auch die Menge x des trockenen gesättigten Dampfes bezw. die Menge des Kondenswassers $(1-x)$ pro kg des nassen Dampfstromes für jeden Moment der

Zustandsänderung, insbesondere für den Anfangs- und Endzustand ausdrücken.

Für die Menge x des trockenen Dampfes in einem kg des nassen Dampfes beträgt das spezifische Volumen des letzteren, indem man das entsprechende spezifische Volumen des trocknen gesättigten Dampfes mit V bezeichnet und das unmerkliche Volumen des Kondenswassers vernachlässigt,

$$v = xV \text{ bezw. } v_1 = x_1 V_1. \tag{73}$$

Nach (66) hat man für die trocken gesättigten Dämpfe die Sättigungs-Formel

$$Vp^n = V_1 p_1^n = \text{Konst.} = 9850$$

mit $n = 0{,}94$;

daher

$$V = V_1 p_1^n p^{-n}; \tag{74}$$

andererseits haben wir für v die Beziehung:

$$pv^k = p_1 v_1^k$$

oder, indem man

$$m = \frac{1}{k} = \frac{1}{1{,}135} = 0{,}88$$

setzt,

$$v = v_1 p_1^m p^{-m}. \tag{75}$$

Daher hat man nach (73) mittels (74) und (75)

$$x = \frac{v}{V} = \frac{v_1 p_1^m p^{-m}}{V_1 p_1^n p^{-n}} = x_1 \left(\frac{p}{p_1}\right)^{n-m} \tag{76}$$

und insbesondere für die Endspannung p_0

$$x_0 = x_1 \left(\frac{p_0}{p_1}\right)^{n-m} \tag{77}$$

mit $n - m = 0{,}94 - 0{,}88 = 0{,}06$.

Ist der Dampf am Anfang der Zustandsänderung trocken gesättigt, so ist

$$x_1 = 1,$$

und daher hat man für irgend eine Spannung p:

$$x = \left(\frac{p}{p_1}\right)^{n-m} = \left(\frac{p}{p_1}\right)^{0{,}06} \tag{78}$$

und insbesondere für die Endspannung p_0

$$x_0 = \left(\frac{p_0}{p_1}\right)^{0{,}06}. \tag{79}$$

Nun wollen wir die abgeleitete Ausflussformel nebst dem Ausdruck für die Menge des Kondenswassers bei einer Zustandsänderung des gesättigten Dampfes an einem Zahlenbeispiele erläutern.

Zahlenbeispiel. Es sei gegeben trocken gesättigter Dampf von der Anfangsspannung $p_1 = 10$ kg/qcm; es sei zu bestimmen die Ausflussgeschwindigkeit bei einer Gegenspannung $p_0 = 1$ kg/qcm und auch die Kondenswassermenge im ausfliessenden Dampf.

Nach (72) erhält man, indem man $p_1 = 10000$, $v_1 = 0{,}1996$, $t_1 = 179^0$ und $t_0 = 99^0$ setzt,

$$\frac{C_0^2}{2g} = 8{,}14 \cdot 100000 \cdot 0{,}1966 \cdot \left\{1 - \left(\frac{1 + 0{,}016 \cdot 99^0}{1 + 0{,}016 \cdot 179^0}\right)^{0{,}7}\right\} =$$

$$= 8{,}14 \cdot 19660\,(1 - 1{,}5^{-0{,}7}) =$$

$$= 8{,}14 \cdot 19660\,(1 - 0{,}75) = 2 \cdot 19660 = 39320.$$

Daher $\qquad C_0 = \sqrt{2 \cdot 9{,}81 \cdot 39320} = 878$ ms.

Für die Menge des trocken gesättigten Dampfes im ausfliessenden nassen Dampfe hat man die Beziehung nach (79)

$$x_0 = \left(\frac{p_0}{p_1}\right)^{0{,}06}.$$

Mit $p_1 = 100000$ und $p_0 = 10000$ hat man daher

$$x_0 = 0{,}1^{0{,}06} = 0{,}871.$$

Es beträgt somit die Kondenswassermenge pro kg des ausfliessenden Dampfes

$$1 - x_0 = 1 - 0{,}871 = 0{,}129 \text{ kg}.$$

Wir können die erhaltenen Resultate mittels der Gesamtwärme nach den Tabellen verifizieren.

Ein kg trocken gesättigter Dampf von 10 kg pro qcm Spannung hat nach den Tabellen eine Gesamtwärme von 0^0 C. an gerechnet

$$\lambda_{10} = 661 \text{ Cal.}$$

Die kinetische Energie des ausfliessenden Dampfes beträgt in Calorien mit $A = \frac{1}{428}$

$$\frac{A C_0^2}{2g} = \frac{39320}{428} = 92 \text{ Cal.}$$

Demnach bleibt noch im abfliessenden Dampf eine Wärmemenge

$$\lambda_{10} - A\frac{C_0^2}{2g} = 661 - 92 = 569 \text{ Cal.}$$

Nun beträgt nach den Tabellen die Wärmemenge des abfliessenden Dampfes bei 1 kg pro qcm Spannung

$$\lambda_1 \cdot 0{,}871 + q_1 \cdot 0{,}129 = 637 \cdot 0{,}871 + 99{,}6 \cdot 0{,}129 = 568,$$

also nahezu wie oben nach den Ergebnissen der Ausflussformel ausgerechnet.

Zur Vollständigkeit wollen wir hier kurz die übliche Ausflussformel ableiten, sowie die Zeuner'sche Frage des Maximums im Wesentlichen andeuten.

Wir haben die Grundgleichung

$$\frac{CdC}{g} + v\,dp = 0$$

mit der Beziehung

$$p\,v^k = p_1 v_1^k.$$

Nach Einsetzung des Wertes von

$$v = v_1 p_1^{1/k} p^{-1/k}$$

in die obige Gleichung erhält man:

$$\frac{CdC}{g} + v_1 p_1^{1/k} p^{-1/k}\,dp = 0.$$

Die Integration ergiebt

$$\frac{C^2 - C_1^2}{2g} = \frac{k}{k-1} p_1 v_1 \left\{1 - \left(\frac{p}{p_1}\right)^{\frac{k-1}{k}}\right\}, \tag{80}$$

wo C_1, p_1 und v_1 sich auf den Anfangszustand, während sich C, p und v auf irgend einen Stahlquerschnitt beziehen.

Mit $C_1 = 0$ erhält man für irgend einen Querschnitt:

$$C = \sqrt{2g\frac{k}{k-1} p_1 v_1 \left\{1 - \left(\frac{p}{p_1}\right)^{\frac{k-1}{k}}\right\}}. \tag{81}$$

Insbesondere hat man mit Zeuner's $k = 1{,}135$

$$C = \sqrt{\frac{2 \cdot 9{,}81}{0{,}119} p_1 v_1 \left\{1 - \left(\frac{p}{p_1}\right)^{0{,}119}\right\}}. \tag{82}$$

Bezeichnet man den Stromquerschnitt mit q und das pro Sekunde durchfliessende Dampfgewicht mit G, so hat man von Querschnitt zu Querschnitt die Relation:

$$G = \frac{qC}{v}.$$

Da G durchweg konstant ist, so entspricht der minimale Stromquerschnitt dem maximalen Werte von $\frac{C}{v}$, daher

$$Max.\ \frac{G}{q} = Max.\ \frac{C}{v} = Max. \sqrt{2g\frac{k}{k-1}\frac{p_1}{v_1}\left\{\left(\frac{p}{p_1}\right)^{2/k} - \left(\frac{p}{p_1}\right)^{\frac{k+1}{k}}\right\}}.$$

Dieser Ausdruck wird zu einem Maximum bei

$$p = \left(\frac{2}{k+1}\right)^{\frac{k}{k-1}} \cdot p_1, \tag{83}$$

woraus mit $k = 1{,}135$

$$p = 0{,}578\, p_1. \tag{84}$$

Die zugehörige Durchflussgeschwindigkeit beträgt mit $p = p_m = 0{,}578\, p_1$:

$$C_m = 3{,}23 \sqrt{p_1 v_1}.$$

Da nun für den gesättigten Dampf

$$p_1 v_1^{1{,}0646} = const. = 17617$$

ist, so erhält man

$$C_m = 421\, p_1^{0{,}0303} = \sim 421,$$

indem man 0,0303 als sehr gering vernachlässigt und daher

$$p_1^{0{,}0303} = \sim p_1^0 = 1 \text{ setzt.}$$

Es ist übrigens zu empfehlen, sich mit der Frage des Maximums nicht lange aufzuhalten und die Ausflussgeschwindigkeit unmittelbar nach der Hauptformel zu bestimmen.

Indem man die Gegenspannung mit p_0 und die Ausflussgeschwindigkeit mit C_0 bezeichnet, so hat man:

$$C_0 = \sqrt{\frac{2 \cdot g}{0{,}119} p_1 v_1 \left\{1 - \left(\frac{p_0}{p_1}\right)^{0{,}019}\right\}}.$$

Zahlenbeispiel. Es sei wieder die Anfangsspannung des trocken gesättigten Dampfes $p_1 = 10$ kg/qcm und die Gegenspannung $p_0 = 1$ kg/qcm.

Die Ausflussgeschwindigkeit beträgt:

$$C_0 = \sqrt{\frac{2 \cdot 9{,}81}{0{,}119} \cdot 19660 \left\{1 - \left(\frac{1}{10}\right)^{0{,}119}\right\}} = 878 \text{ ms},$$

also wie oben mittels unserer Formeln von der Dampftemperatur ausgehend gefunden wurde.

IX. Wärmekraft, Dampfenergie und Dampfstrom.

Die zur Wasserverdampfung nötige Wärme wird durch Verbrennung von Stoffen im Sauerstoff der Luft entwickelt.

Die Brennstoffe enthalten gewöhnlich Kohlenstoff nnd Wasserstoff.

Die Gesamtwärme pro kg des Brennstoffes ist gleich der Summe der Wärmemengen der einzelnen Bestandteile.

Es entwickeln:

1 kg Kohlenstoff	8080 Cal.
1 kg Wasserstoff	34462 Cal.

Bezeichnet man den Kohlenstoffgehalt in kg mit C, den Wasserstoffgehalt mit H und den Sauerstoffgehalt mit O, so hat man für die Heizkraft pro kg des Brennstoffes in Cal.:

$$W = 8080\,C + 34462\left(H - \frac{1}{8}\,O\right).$$

Da der Sauerstoff nur in Verbindung mit Wasserstoff vorhanden ist, so muss die zugehörige Wasserstoffmenge

$$\frac{2}{16}\,O = \frac{1}{8}\,O$$

in Abzug kommen, wie es in der obigen Formel geschehen ist.

Für Steinkohle hat man durchschnittlich*):

$$C = 80\% = 0{,}80 \text{ kg}; \; H = 5\% = 0{,}05 \text{ kg}; \; O = 10\% = 0{,}10 \text{ kg};$$
$$\text{Asche} = 5\% = 0{,}05 \text{ kg}.$$

Daher beträgt der Heizwert der Steinkohle:

$$W = 8080 \cdot 0{,}8 + 34462\left(0{,}05 - \frac{0{,}1}{8}\right) = 6464 + 1292 = 7756 \text{ Cal.}$$

Von dieser Wärme geht verloren: ein Teil zur Verdampfung des in der Feuerung vorhandenen sowie neu ge-

*) Weisbach, Masch. und Ing.-Mechanik.

bildeten Wassers; ein Teil durch Wärmeableitung und Ausstrahlung und ein Teil im Abgas durch den Schornstein.

Man kann für gewöhnliche Dampfkessel-Anlagen den Wirkungsgrad unter günstigen Verhältnissen 0,75 annehmen, so dass 75 % der gefundenen Heizkraft, also

$$0{,}75 \cdot 7756 = 5817 \text{ Cal.}$$

zur Verdampfung des Kesselwassers effektiv ausgenutzt werden.

Die Wärmemenge, welche nötig ist, um 1 kg Wasser von 0° C. in gesättigten Dampf von der Temperatur t° C. umzuwandeln, beträgt nach Regnault in Cal.

$$\lambda = 606{,}5 + 0{,}305\, t.$$

Gewöhnlich ist die Anfangstemperatur des Kesselwassers ohne Vorwärmung ca. 10° C. entsprechend einem Wärmegehalt von 10 Cal., welche von dem obigen Werte von λ als bereits vorhanden in Abzug gelangen.

Soll z. B. gesättigter Dampf von der Spannung $p = 5$ kg/qcm erzeugt werden, so ist die zugehörige Dampftemperatur nach den Dampftabellen $t = 151^0$ C., daher die nötige Gesamtwärme von 0° C. aus

$$\lambda = 606{,}5 + 0{,}305 \cdot 151 = 606{,}5 + 46{,}05 = \sim 652{,}5 \text{ Cal.}$$

Folglich braucht man an Steinkohle zur Dampferzeugung von 5 kg/qcm Spannung, unter der obigen Annahme eines Wirkungsgrades von 75 %:

$$652{,}5 : 5817 = 0{,}112 \text{ kg.}$$

Ist dagegen die Anfangstemperatur des Wassers 10° C., so beträgt die nötige Steinkohlenmenge

$$642{,}5 : 5817 = 0{,}110 \text{ kg.}$$

Soll nun gesättigter Dampf von der Spannung $p =$ 10 kg/qcm erzeugt werden, so ist nach den Dampftabellen die zugehörige Temperatur $t = 179^0$ C.; daher beträgt die pro kg Wasser nötige Wärme von 0° C. aus gerechnet

$$\lambda = 606{,}5 + 0{,}305 \cdot 179^0 = 606{,}5 + 54{,}6 = 661{,}1 \text{ Cal.}$$

Dazu braucht man an Steinkohle:

$$661{,}1 : 5817 = 0{,}114 \text{ kg.}$$

Nimmt man dagegen als Anfangstemperatur des Kesselwassers 10° C. an, so ist der Kohlenverbrauch

$$651{,}1 : 5817 = 0{,}112 \text{ kg.}$$

Der Vergleich der gefundenen Zahlenwerte für Erzeugung von Dampf von 5 und 10 kg/qcm Spannung zeigt, wie gering der Unterschied an Kohlenverbrauch ist, während die Spannung verdoppelt wird.

Hieraus erklärt sich, wie wir auch bald genau sehen werden, die Wirtschaftlichkeit der Verwendung von Dampf möglichst hoher Spannung.

Das Arbeitsvermögen eines kg gesättigten Dampfes von der Spannung p_1 bei einer Gegenspannung p_0 können wir bestimmen, indem wir es als kinetische Stromenergie ausdrücken und zwar durch Integration der Differentialgleichung

$$\frac{CdC}{g} = -vdp$$

zwischen den Grenzen p_1 und p_0.

Dies ergibt, indem man die zugehörigen Dampfgeschwindigkeiten mit C_1 und C_0 bezeichnet:

$$\frac{C_0^2 - C_1^2}{2g} = -\int_{p_1}^{p_0} vdp = \int_{p_0}^{p_1} vdp.$$

Es stellt somit das Integral

$$\int_{p_0}^{p_1} vdp$$

das Arbeitsvermögen des Dampfes zwischen den Spannungen p_1 und p_0 dar, wobei C_1 mit Rücksicht auf den anfänglichen Ruhezustand des Dampfes gleich Null zu setzen ist.

Zur Ausführung der Integration bedarf man der Funktionalbeziehung zwischen v und p.

Man kann für diese Funktionalbeziehung generell setzen

$$pv^k = p_1 v_1^k = p_0 v_0^k,$$

woraus

$$v = v_1 p_1^{1/k} p^{-1/k};$$

daher, da $C_1 = 0$ ist,

$$\frac{C_0^2}{2g} = \frac{k}{k-1} v_1 p_1 \left\{1 - \left(\frac{p_0}{p_1}\right)^{\frac{k-1}{k}}\right\} = \frac{k}{k-1} (v_1 p_1 - v_0 p_0); \quad (87)$$

oder, indem man $\frac{1}{k} = m$ setzt:

$$\frac{C_0^2}{2g} = \frac{1}{1-m} v_1 p_1 \left\{1 - \left(\frac{p_0}{p_1}\right)^{1-m}\right\} = \frac{1}{1-m} (v_1 p_1 - v_0 p_0). \quad (88)$$

Für die adiabatische Zustandsänderung gesättigter Dämpfe, d. h. wenn, wie hier, bei Bestimmung des Arbeitsvermögens 1 kg Dampfes mittels der Ausflussenergie vorausgesetzt werden muss, keine Zu- und Abfuhr von Wärme stattfindet, setzt Zeuner, wie wir gesehen,

$$k = 1{,}135.^{*)}$$

Hiermit erhält man für $p_1 = 5$ kg/qcm und $p_0 = 1$ kg/qcm, indem man die gewonnene kinetische Energie mit E_5 bezeichnet:

$$E_5 = \frac{50000 \cdot 0{,}3780}{0{,}12}\left\{1 - \left(\frac{1}{5}\right)^{0{,}12}\right\} = 27405 \text{ mkg.}$$

Dagegen hat man für $p_1 = 10$ kg/qcm und $p_0 = 1$ kg/qcm, indem man die entwickelte kinetische Energie mit E_{10} bezeichnet:

$$E_{10} = \frac{100000 \cdot 0{,}1966}{0{,}12}\left\{1 - 0{,}1^{0{,}12}\right\} = 39320 \text{ mkg.}$$

Hiernach beträgt der Überschuss an Arbeitsleistung im letzteren Falle

$$39320 - 27405 = 11915 \text{ mkg} = \frac{11915}{428} = 28 \text{ Cal.,}$$

während der Mehraufwand an Wärme

$$661{,}1 - 652{,}5 = 8{,}6 \text{ Cal.,}$$

beziehungsweise an Steinkohle

$$0{,}114 - 0{,}112 = 0{,}002 \text{ kg}$$

ausmacht.

Dies erklärt sich dadurch, dass bei höherer Spannung ein grösserer Teil der latenten Wärme des Dampfes beim Ausfluss in kinetische Energie umgewandelt wird.

Wir können dies genauer aus den Formeln ersehen.

Es ist nach (87)

$$\frac{C_0^2}{2g} = \frac{k}{k-1}(v_1 p_1 - v_0 p_0) = \frac{k}{k-1}\left\{(v_1 p_1 - v_2 p_2) + (v_2 p_2 - v_0 p_0)\right\}$$

wo sich p_2 und v_2 auf einen Zwischenzustand beziehen, daher

$$v_2 = v_1\left(\frac{p_1}{p_2}\right); \quad v_0 = v_1\left(\frac{p_1}{p_0}\right)^{1/k} = v_2\left(\frac{p_2}{p_0}\right)^{1/k}.$$

---

*) Die Formel $pv^k = p_1 v_1^k$ für die adiabatische Zustandsänderung gesättigter Wasserdämpfe rührt von Rankine her, welcher $k = 1{,}111$ setzte; Grashof setzte im Einklang mit Versuchsergebnissen $k = 1{,}140$ und hierauf fand Zeuner wieder aus Versuchsergebnissen $k = 1{,}135$ als Mittelwert zwischen den Grenzspannungen 8 kg/qcm und 0,5 kg/qcm.

Folglich

$$\frac{C_0^2}{2\,g}=\frac{k}{k-1}\,v_1\,p_1\left\{1-\left(\frac{p_2}{p_1}\right)^{\frac{k-1}{k}}\right\}+\frac{k}{k-1}\,v_2\,p_2\left\{1-\left(\frac{p_1}{p_2}\right)^{\frac{k-1}{k}}\right\}, \quad (89)$$

wo

$$v_2=v_1\left(\frac{p_1}{p_2}\right)^{1/k}$$

aus dem Anfangszustande und aus dem angenommenen Werte von p_2 zu bestimmen ist.

Mit

$$p_2=\frac{1}{2}\,p_1$$

hat man

$$v_2=v_1\cdot 2^{0,88}=1,84\,v_1.$$

Für $p_1=10$ kg/qcm hat man $p_2=5$ kg/qcm und mit $v_1=0,1966$:

$$v_2=1,84\cdot 0,1966=0,3617.$$

Daher

$$E_{10}=\frac{19660}{0,12}\left\{1-\left(\frac{1}{2}\right)^{0,12}\right\}+\frac{0,3617\cdot 50000}{0,12}\left\{1-\left(\frac{1}{5}\right)^{0,12}\right\}=$$
$$=13107+26223=39330 \text{ mkg},$$

also nahezu genau dasselbe Resultat, wie bei einmaliger Integration, was auch der Fall sein muss.

In der Tat ist *Gl* (89) die Entwickelung von

$$\int_{p_0}^{p_1} v\,dp=\int_{p_2}^{p_1} v\,dp+\int_{p_0}^{p_2} v\,dp,$$

wo $p_1=10$ kg/qcm, $p_2=5$ kg/qcm und $p_0=1$ kg/qcm.

Da das zweite Teil-Integral zwischen den Grenzen $p_2=5$ kg/qcm und $p_0=1$ kg/qcm ein nahezu ebenso grosses Resultat liefert, wie der direkte Ausfluss von gesättigtem Dampf zwischen denselben Spannungsgrenzen, so stellt der Wert des ersten Teil-Integrals zwischen den Grenzen $p_1=10$ kg/qcm und $p_2=5$ kg/qcm nahezu gänzlich Überschuss an Gewinn dar.

Nachdem wir das Arbeitsvermögen des Dampfes zwischen zwei praktisch üblichen Spannungsgrenzen bestimmt haben, wollen wir sehen, ob und in welchem Sinne die Ergebnisse genau sind.

Da das Integral

$$\int_{p_0}^{p_1} v\,dp=\frac{k}{k-1}\,v_1\,p_1\left\{1-\left(\frac{p_0}{p_1}\right)^{\frac{k-1}{k}}\right\}$$

das Arbeitsvermögen des Dampfes als kinetische Energie ausdrückt und zwar zwischen den Grenzen p_1 und p_0, so repräsentiert das Integral

$$\int_{p_0=0}^{p_1} v dp = \frac{k}{k-1} v_1 p_1 = \frac{1}{1-m} v_1 p_1 \qquad (90)$$

zwischen den Grenzen p_1 und $p_0 = 0$ das Arbeitsvermögen des Dampfes als kinetische Energie von der gegebenen Spannung p_1 aus bis zum Spannungsnullpunkte, welcher, wie wir gefunden, bei ca. — 63° C. liegt.

Setzt man wieder nach Zeuner

$$k = 1{,}135,$$

so erhält man

$$\int_0^{p_1} v dp = \frac{1{,}135}{1{,}135 - 1} v_1 p_1 = 8{,}4\, v_1 p_1 \text{ mkg} = 8{,}4\, A v_1 p_1 \text{ Cal.}$$

Nun ist z. B. für $p_1 = 10$ kg/qcm

$$A v_1 p_1 = 46 \text{ Cal.}$$

Demnach wäre das Arbeitsvermögen des gesättigten Wasserdampfes von 10 kg/qcm bis zum Spannungsnullpunkt

$$8{,}4 \cdot 46 = 386{,}4 \text{ Cal.}$$

Hiergegenüber beträgt das als Wärme in einem kg gesättigten Dampfes von 10 kg/qcm Spannung enthaltene Arbeitsvermögen sogar bis zu 0° C. weit mehr und zwar

$$\lambda = 661{,}1 \text{ Cal.}$$

Folglich hat die Zeuner'sche Konstante $k = 1{,}135$ keinen besonderen theoretischen Wert in Bezug auf das wahre Wesen des Dampfausflusses ohne Rücksicht auf Nebeneinflüsse und ist viel mehr eine rein experimentelle Zahl mit Berücksichtigung der Reibungs- und anderer Nebenverluste an kinetischer Energie.

Übrigens ist es sehr fraglich, ob bei dem raschen Ausfluss eine Volumenverminderung, wie wir bisher nach Zeuner angenommen haben, durch die teilweise Kondensation stattfindet; es ist eher anzunehmen, dass sich der Dampf am Ausflussquerschnitt in Bezug auf Dichte wie trocken gesättigt verhält, so dass es wesentlich gerechtfertigt erscheint, als Funktionalbeziehung zwischen v und p die Sättigungskurve zu wählen und dann erst die Nebeneinflüsse zu berücksichtigen.

Für die Sättigungskurve haben wir

$$m = \frac{1}{k} = \frac{\zeta}{\gamma} = \frac{5{,}36}{5{,}70} = 0{,}94.$$

Daher beträgt die Ausflussenergie zwischen den Spannungsgrenzen p_1 und p_0

$$\frac{C_0^2}{2g} = \frac{v_1 p_1}{1-m}\left\{1 - \left(\frac{p_0}{p_1}\right)^{1-m}\right\} = \frac{v_1 p_1}{0{,}06}\left\{1 - \left(\frac{p_0}{p_1}\right)^{0{,}06}\right\}.$$

Für $p_1 = 10$ kg/qcm und $p_0 = 1$ kg/qcm erhält man:

$$\frac{C_0^2}{2g} = \frac{19660}{0{,}06}\left(1 - \frac{1}{10^{0{,}06}}\right) = 41614 \text{ mkg}.$$

Dies entspricht einer Ausflussgeschwindigkeit

$$C_0 = \sqrt{2 \cdot 9{,}81 \cdot 41614} = 903 \text{ ms}.$$

Nun ist die Ausflussenergie mit $k = 1{,}135$, wie wir vorher ermittelt haben,

$$\frac{C_0^2}{2g} = 39320 \text{ mkg}$$

und die zugehörige Ausflussgeschwindigkeit

$$C_0 = \sqrt{2 \cdot 9{,}81 \cdot 39320} = 878 \text{ ms}.$$

Wenn wir für praktisch übliche Spannungsgrenzen annehmen, dass die Ergebnisse von $k = 1{,}135$ effektive Zahlen sind, so ist der Wirkungsgrad der Energieumwandlung

$$39320 : 41614 = 0{,}94.$$

Hiernach gehen 6 % der theoretischen kinetischen Energie in Wärme über, welche mit dem ausfliessenden Dampfe wegkommt und die Umwandlung der latenten Wärme in kinetische Energie entsprechend verringert.

Die theoretische Ausflussgeschwindigkeit reduziert sich hierbei auf

$$873 : 903 = 0{,}97 = 97\,\%,$$

so dass 3 % an Geschwindigkeit verloren gehen.

Folglich hat unsere Annahme einen richtigen praktischen Sinn, denn es ist keineswegs anzunehmen, dass die effektiven Ausflusszahlen mit den theoretisch genauen Zahlen identisch sind, da sonst die Reibungswiderstände und andere Nebeneinflüsse ohne Wirkung auf die Ausflussresultate sein müssten, was ausgeschlossen ist.

Nachdem wir die Sache für gewöhnliche Fälle im Prinzip dargelegt haben, wollen wir als Verifikation unserer Annahme das Arbeitsvermögen des Dampfes zwischen seiner Spannung p_1 und dem Spannungsnullpunkte nach der Grenzkurve bestimmen.

Dass das Integral

$$\int_0^{p_1} vdp$$

wirklich das Arbeitsvermögen des Dampfes von der Spannung p_1 bis zum Spannungsnullpunkte darstellt, ergibt sich aus der folgenden Betrachtung.

Es ist

$$\frac{CdC}{g} + vdp = 0;$$

gleichzeitig hat man nach dem Prinzip der Erhaltung der Energie, indem man den Wärmegehalt in Cal. mit W bezeichnet:

$$\frac{CdC}{g} + \frac{dW}{A} = 0;$$

daher

$$vdp = \frac{dW}{A} = -\frac{CdC}{g},$$

folglich stellen die Integrale

$$\int vdp = \int \frac{dW}{A} = -\int \frac{CdC}{g}$$

den Wärmegehalt ausgedrückt als kinetische Energie dar.

Demnach haben wir für das ganze Arbeitsvermögen zwischen den Grenzen p_1 und $p_0 = 0$:

$$\int_0^{p_1} vdp = \frac{C_0^2}{2g} = \frac{v_1 p_1}{1-m}\left\{1 - \left(\frac{0}{p_1}\right)^{1-m}\right\} = \frac{v_1 p_1}{1-m}.$$

Wir haben bisher für praktische Zwecke $m = \sim 0{,}94$ gesetzt; genauer ist $m = 0{,}937$.

Daher hat man bis zum Spannungsnullpunkte:

$$\int_0^{p_1} vdp = \frac{C_0^2}{2g} = \frac{v_1 p_1}{0{,}063}.$$

Da der Spannungsnullpunkt nach unserer Analyse bei ca. — 63° C. liegt, so wollen wir annehmen, dass das Wasser unter 0° C. noch flüssig bleibe und sich gegen Wärme nahezu ebenso verhalte, wie gewöhnliches Wasser, beanspruchend pro Grad C. auch ungefähr 1 Calorie. Mit dieser Annahme wollen wir nun z. B. für $p_1 = 10$ kg/qcm sowohl das Arbeitsvermögen als auch den Wärmegehalt eines kg Dampfes ausrechnen und zusammen vergleichen.

Wir erhalten für das Arbeitsvermögen:

$$\int_0^{p_1} v dp = \frac{C_0^2}{2g} = \frac{0,1966 \cdot 100000}{0,063} = 312063 \text{ mkg} = 729 \text{ Cal.}$$

Nun beträgt der Wärmegehalt $\lambda = 661$ Cal. zuzüglich des Wärmegehaltes von -63^0 C. bis 0^0 C., was man annähernd gleich 63 Cal. setzen kann; demnach beträgt der Wärmegehalt von -63^0 C. bis zur Spannung $p_1 = 10$ kg/qcm ungefähr:

$$661 + 63 = 724 \text{ Cal.},$$

also ziemlich nahezu ebenso viel, wie das Integral

$$\int_0^{p_1} v dp$$

geliefert hat.

Es ist zu bemerken, dass der Spannungsnullpunkt möglicher Weise etwas tiefer liegt, so dass der Wärmegehalt tatsächlich etwas mehr beträgt; ferner kann auch die Zahl m ein wenig verschieden sein.

Somit ist der praktische Beweis für die Richtigkeit unserer Annahme bezüglich des Ausflusses durch die erhaltenen Zahlenwerte geliefert, gleichzeitig haben wir eine Bestätigung der Genauigkeit der analytischen Methode zur Bestimmung des Arbeitsvermögens des Dampfes. Übrigens ist es auch klar, dass die Zeuner'sche Konstante $k = 1,135$ nicht aus dem Wesen des Ausflusses folgt, sondern erdacht ist, um die Versuchsergebnisse unter gewöhnlichen Verhältnissen zu formulieren.

Zu den erhaltenen Resultaten können wir auch auf folgende Weise gelangen.

Die Elementarzunahme an Gesamtarbeitsvermögen ist

$$dE_g = v dp;$$

dagegen beträgt die gleichzeitige Elementarzunahme an äusserem latenten Arbeitsvermögen

$$dE_a = d(pv).$$

Es entspricht daher dem äusseren Arbeitsvermögen pv des Dampfes ein Gesamtarbeitsvermögen

$$E_g = pv \cdot \frac{vdp}{d(pv)}; \tag{XI}$$

wie leicht zu ersehen, ist diese Formel analog wie unsere Differentialformel (VI) gebildet.

Nun ist nach den Formeln (III) und (IV):

$$vdp = v_0 (1 + \alpha t)^{-\zeta} \cdot d\left[p_0 (1 + \alpha t)^{\gamma}\right] = \gamma \alpha v_0 p_0 (1 + \alpha t)^{\gamma - \zeta - 1} dt;$$

dagegen hat man nach der Formel (V):

$$d(pv) = (\gamma - \zeta) \alpha v_C p_0 (1 + \alpha t)^{\gamma - \zeta - 1} dt;$$

daher

$$E_g = pv \frac{vdp}{d(pv)} = \frac{\gamma}{\gamma - \zeta} pv = \frac{1}{1 - \zeta/\gamma} pv = \frac{1}{1 - m} pv, \tag{91}$$

wo $m = \frac{\zeta}{\gamma} = 0{,}937 = \sim 0{,}94$ mit $\zeta = 5{,}36$ und $\gamma = 5{,}70$.

Dies stimmt mit unseren vorherigen Ergebnissen genau überein bezw. auch mit *Gl* (X), indem man $1 + \alpha t_0 = 0$ setzt entsprechend dem Spannungsnullpunkte bei $t_0 = -\frac{1}{\alpha} = -63^0$ C.

Die Formel (XI) lässt sich leicht ausdehnen.

Es ist

$$vdp = d(pv) - pdv;$$

daher

$$pv \cdot \frac{vdp}{d(pv)} = pv - pv \cdot \frac{pdv}{d(pv)};$$

nun ist, wie wir gesehen,

$$pv \cdot \frac{vdp}{d(pv)}$$

das gesamte Arbeitsvermögen des Dampfes vom Spannungsnullpunkte aus gerechnet; ferner ist

$$pv$$

das zugehörige äussere Arbeitsvermögen entsprechend der äusseren latenten Wärme Apv; daher stellt

$$-\frac{pv \cdot pdv}{d(pv)}$$

das innere Arbeitsvermögen dar und zwar entsprechend der inneren latenten Wärme einschliesslich der Flüssigkeitswärme, wieder vom Spannungsnullpunkte aus gerechnet; das negative Vorzeichen kommt daher, weil pdv negativ ist und daher der ganze Ausdruck positiv.

Somit haben wir ausser (XI) noch eine neue Formel

$$E_i = -pv \cdot \frac{pdv}{d(pv)}. \qquad \text{(XII)}$$

Zur Bestimmung des Wertes des Differentialquotienten haben wir nach (III), (IV) und (V):

$$pdv = p_0(1+\alpha t)^{\gamma} \cdot d\left[v_0(1+\alpha t)^{-\zeta}\right] = -\zeta\alpha\, p_0 v_0 (1+\alpha t)^{\gamma-\zeta-1} dt;$$

$$d(pv) = d\left[p_0 v_0 (1+\alpha t)^{\gamma-\zeta}\right] = (\gamma-\zeta)\,\alpha\, p_0 v_0 (1+\alpha t)^{\gamma-\zeta-1}\, dt.$$

Daher

$$E_i = \frac{\zeta}{\gamma-\zeta}\, pv = \frac{m}{1-m}\, pv \qquad (92)$$

mit $m = \frac{\zeta}{\gamma} = 0{,}937 = \sim 0{,}94$ entsprechend den abgerundeten Zahlenwerten von $\gamma = 5{,}7$ und $\zeta = 5{,}36$.

Es ist in der Tat:

$$E_g = E_a + E_i = pv + \frac{\zeta}{\gamma-\zeta}\, pv = \frac{\gamma}{\gamma-\zeta}\, pv = \frac{1}{1-m}\, pv,$$

wie wir bereits nach (XI) ausgerechnet haben.

Da die Arbeitsvermögen E_a, E_i und E_g Funktionen von pv sind und nach *Gl* (V)

$$pv = p_0 v_0 (1+\alpha t)^{\gamma-\zeta} \text{ ist,}$$

so sind sie dadurch gleichzeitig als Funktionen der Temperatur bestimmt; man erhält insbesondere in Calorien:

$$\begin{aligned} E_a &= Apv = 29\,(1+0{,}016\,t)^{0{,}34}, \\ E_i &= \frac{m}{1-m}\, Apv = \sim 15\, Apv, \\ E_g &= \frac{1}{1-m}\, Apv = \sim 16\, Apv. \end{aligned} \qquad (93)$$

Betreffs genauer Bestimmung von m müssen genaue Versuchsergebnisse vom Spannungsnullpunkte aus vorliegen.

Da unsere Formel (XI)

$$E_g = pv \cdot \frac{vdp}{d(pv)}$$

im Einklang mit der übrigen Analyse aufgestellt ist und damit übereinstimmende Resultate liefert sowie einen leicht verständlichen mathematischen Sinn hat, so kann sie dazu benutzt werden, die Richtigkeit der oft bezweifelten und annähernd zutreffenden Formel

$$r = AT\frac{vdp}{dT} \qquad (94)$$

von Clapeyron-Clausius zu prüfen, worin $T = 273^0 + t^0$ C. und $r = \varrho + Apv$ die Verdampfungswärme bezeichnet, nämlich die innere und die äussere latente Wärme. Es repräsentiert dagegen die Formel (XI) in Calorien ausgedrückt

$$E_g = Apv \cdot \frac{vdp}{d(pv)} \tag{95}$$

die Gesamtwärme vom Spannungsnullpunkte aus, nämlich nicht nur die innere und die äussere latente Wärme, sondern auch die Flüssigkeitswärme.

Wie leicht zu sehen, sind beide Formeln der Form nach ähnlich, dagegen dem Inhalt nach verschieden.

Nun hat die Zahl 273 wenigstens für gesättigte Wasserdämpfe gar keine Bedeutung, wie wir in unserer Analyse gesehen haben. Die Zahl 273 ist den permanenten Gasen aus der Mariotte-Gay-Lussac'schen Formel

$$pv = R(273 + t) = RT \tag{96}$$

entlehnt.

Für gesättigte Wasserdämpfe haben wir im Einklang mit den Dampftabellen die Formel

$$pv = p_0 v_0 (1 + \alpha t)^{\gamma - \zeta}$$

abgeleitet; dieselbe lässt sich durch Reihenentwickelung und unter Beibehaltung der ersten Potenz von t in die obige Form (96)

$$pv = R'(a + t) = R'T' \tag{97}$$

bringen; dann ist aber die Zahl a ganz verschieden von 273 und die ganze Formel nur ungefähr richtig, da nach den Dampftabellen

$$\frac{d(pv)}{dt} = R'$$

nicht konstant wie in (96), sondern von Spannung zu Spannung veränderlich ist.

Setzt man den ungefähren Wert von pv aus (97) in unsere Formel (95) ein, so erhält man auch ungefähr

$$E_g = \frac{A(a + t)\, vdp}{dt} = \frac{AT'\, vdp}{dT'},$$

also wie (94), jedoch für die Gesamtwärme und bei einer von 273 verschiedenen Zahl a.

Es ist daher ein Zufall, dass gerade die Zahl $273 + t = T$ in die Clapeyron'sche Formel eingesetzt annähernd richtig die

Verdampfungswärme r ergibt. Es müsste sich der gesättigte Wasserdampf nach der Formel (94) wie ein ideales permanentes Gas in Übereinstimmung mit der Formel (96) verhalten, was aber nicht der Fall ist; denn es ist tatsächlich die Temperatur $T = 273 + t$ dem Wesen der gesättigten Wasserdämpfe fremd und daher nicht korrekt, davon bei gesättigten Wasserdämpfen Gebrauch zu machen. T ist mathematisch genommen eine Bezeichnung für die Grösse $\frac{pv}{R}$, oder, da R konstant sein soll, für das Mehrfache des Produktes $pv = \varphi$, welches die äussere latente Wärme in mkg angibt. Setzt man

$$T = \frac{pv}{R}$$

in die Formel (94) von Clapeyron-Clausius ein, so erhält man

$$AT\frac{vdp}{dT} = A\frac{pv}{R} \cdot \frac{vdp}{\frac{1}{R}d(pv)} = Apv \cdot \frac{vdp}{d(pv)},$$

also genau unsere Formel (95), welche jedoch den ganzen Wärmegehalt vom Spannungsnullpunkte aus angibt und zwar in Übereinstimmung mit dem Arbeitsintegral

$$A\int_0^p vdp.$$

Somit ist die prinzipielle Richtigkeit unserer Formel (XI) bezw. auch (XII) erwiesen.

Da es sich hier um weite Grenzen bis zum Spannungsnullpunkte bei ca. $-63°$ C. handelt, so ist die Genauigkeit der Formelergebnisse nur annähernd, umsomehr als wir einerseits zur Vereinfachung unserer Formeln m als eine runde konstante Zahl angenommen haben und andererseits die Wärmemenge vom Spannungsnullpunkte bis zu 0^0 C. ungefähr = 63 Calorien gesetzt haben; es kann aber möglich sein, dass die fragliche Wärme ungefähr gleich der Schmelzwärme des Eises ist, nämlich ca. 79 Cal., so dass das Wasser beim vorausgesetzten idealen Ausfluss nicht nur seine Flüssigkeits-, sondern auch seine Schmelzwärme als Arbeitsvermögen abgibt; folglich repräsentiert der ausfliessende Dampf bei diesem theoretischen Grenzfalle einen feinen Eisstaub mit einer kinetischen Energie, welche dem ganzen Wärmegehalt bis zum Eiszustande von 0° C. gleichkommt. Dies sind übrigens bildliche Vorstellungen, um das Prinzip der Sache deutlich zu veranschaulichen, und müssen durch entsprechende genaue Versuche im Wesentlichen verifiziert und präzisiert werden.

Nach dieser generellen Analyse des Arbeitsvermögens gesättigter Wasserdämpfe gehen wir nun zur speziellen Analyse technisch wichtiger Fälle über.

Da bei Dampfturbinen mit Kondensation die Gegenspannung durchschnittlich gleich 0,1 kg/qcm angenommen werden kann, so wollen wir noch das Arbeitsvermögen des Dampfes zwischen den Spannungsgrenzen $p_1 = 10$ kg/qcm und $p_0 = 0{,}1$ kg/qcm bestimmen und es mit dem zugehörigen Aufwand an Wärme und an Steinkohle vergleichen, wodurch wir zu der höchstmöglichen Wärmeverwertung bei der üblichen Arbeitsweise mit gesättigtem Dampf gelangen.

Zu dem Zweck wollen wir wieder die kinetische Energie des Dampfes zuerst mit Zeuner's $k = 1{,}135$ und dann nach der Sättigungskurve mit $m = 0{,}937$ bestimmen.

Im ersten Falle erhalten wir:

$$\frac{C_0^2}{2g} = \frac{k}{k-1} p_1 v_1 \left\{1 - \left(\frac{p_0}{p_1}\right)^{\frac{k-1}{k}}\right\} = \frac{19660}{0{,}12}\left\{1 - 0{,}01^{0{,}12}\right\} = 69793 \text{ mkg.}$$

Daher $C_0 = \sqrt{2 \cdot 9{,}81 \cdot 69793} = 1170$ ms.

Dagegen erhalten wir nach der Sättigungskurve gemäss der Formel (88) direkt nach den Dampf-Tabellen:

$$\frac{C_0^2}{2g} = \frac{1}{1-m}(p_1 v_1 - p_0 v_0) = 16\,(19660 - 15031) = 74064 \text{ mkg,}$$

woraus $C_0 = \sqrt{2 \cdot 9{,}81 \cdot 74064} = 1204$ ms.

Nimmt man an, dass die Zeuner'schen Ergebnisse effektive Werte darstellen, so beträgt der Wirkungsgrad der Umwandlung der Spannungsenergie in Stromenergie:

$$69793 : 74064 = 0{,}94 = 94\,\%,$$

dagegen ist der zugehörige Wirkungsgrad der Geschwindigkeitsbildung

$$1170 : 1204 = 0{,}97 = 97\,\%,$$

so dass 3 % der Geschwindigkeit bezw. 6 % der kinetischen Energie durch die Reibungs- und andere Nebeneinflüsse in Wärme übergehen und die Kondenswassermenge entsprechend verringern.

Demnach wäre das zwischen den Spannungsgrenzen $p_1 = 10$ kg/qcm und $p_0 = 0,1$ kg/qcm disponible Arbeitsvermögen:

$$\frac{C_0^2}{2g} = 69793 \text{ mkg} = \frac{69793}{428} \text{ Cal.} = 163,1 \text{ Cal.}$$

Der Wärmeaufwand zur Dampferzeugung von 0° C. aus ist:

$$\lambda = 661,1 \text{ Cal.}$$

Daher beträgt der Wirkungsgrad der Energieumwandlung

$$163,1 : 661,1 = 0,247 = \sim 25\%.$$

Da der Wirkungsgrad der Dampferzeugung durch die Feuerungsenergie 0,75 gesetzt werden kann, so beträgt der Wirkungsgrad der Umwandlung der Feuerungsenergie in effektiv disponible Dampfstromenergie

$$0,75 \cdot 0,25 = 0,185 = 18,5\%.$$

Pro Pferde-Stunde der disponiblen Stromenergie braucht man an Dampf:

$$75 \cdot 60 \cdot 60 : 69793 = 4 \text{ kg};$$

demnach würde der Kohlenverbrauch im Falle einer vollkommenen Ausnutzung der disponiblen Stromenergie

$$0,112 \cdot 4 = 0,448 = \sim 0,45 \text{ kg}$$

pro Pferde-Stunde ausmachen.

Hierbei setzen wir, wie schon ausgerechnet, 0,112 kg für den Kohlenaufwand zur Erzeugung 1 kg Dampf von 10 kg/qcm Spannung bei einer anfänglichen Wassertemperatur von 10° C.

Nun kommt auch der Wirkungsgrad der Dampfturbine hinzu, die das disponible Arbeitsvermögen des Dampfstromes in Betriebsenergie umwandeln soll. Setzt man diesen Wirkungsgrad = 0,75, so ergibt sich der Gesamtwirkungsgrad der Umwandlung der verbrauchten Feuerungsenergie in gewonnene mechanische Energie zu

$$\eta = 0,185 \cdot 0,75 = \sim 0,14 = 14\%.$$

Der Steinkohlenaufwand würde dann betragen

$$0,45 \cdot 0,75 = 0,6 \text{ kg}$$

oder auch direkt aus der Kohlenenergie mit $\eta = 0,14$:

$$\frac{75 \cdot 60 \cdot 60}{7756 \cdot 428 \cdot 0,14} = \sim 0,6 \text{ kg}$$

pro wirklich gewonnene Pferde-Stunde, was auch den tatsächlichen Ergebnissen bei Kondensation entspricht und zwar unter sehr günstigen Verhältnissen.

Unter ähnlichen Verhältnissen haben wir im Falle einer Auspuffturbine an disponibler Stromenergie

$$\frac{C_0^2}{2g} = 39320 \text{ mkg.}$$

Der Dampfverbrauch pro wirklich gewonnene Pferde-Stunde ist

$$\frac{75 \cdot 60 \cdot 60}{39320 \cdot 0{,}75} = 9{,}3 \text{ kg}$$

und der Kohlenverbrauch

$$0{,}112 \cdot 9{,}3 = \sim 1 \text{ kg}$$

pro Pferde-Stunde, also nahezu doppelt so viel wie oben.

Wie wir bereits gesehen haben, besteht das allgemeine Problem bei der Anordnung und Berechnung von Dampfturbinen darin, die disponible Dampfspannungsdifferenz in eine Anzahl von Spannungsstufen und jede von diesen in eine Anzahl von Geschwindigkeitsstufen einzuteilen.

Hierin sind alle Spezialfälle enthalten.

Einfachheit ist das leitende Prinzip bei Dampfturbinen-Anordnungen, und deshalb ist es notwendig die Spannungsabstufung am liebsten so zu treffen, dass alle Spannungsstufen dieselbe Ein- und Austrittsgeschwindigkeit besitzen und dass sie alle dieselbe Anzahl von Geschwindigkeitsstufen erhalten.

Bezeichnet man die Anzahl der Spannungsstufen mit ξ und die Anzahl der Geschwindigkeitsstufen in jeder Spannungsstufe mit ζ, so hat der Dampfstrom $\xi\zeta$ Stufen zu durchlaufen, und zwar periodisch von Spannungsstufe zu Spannungstufe seine ursprüngliche Eintrittsgeschwindigkeit aus der vorhandenen Spannungsreserve wieder herstellend, um seine kinetische Energie in den Geschwindigkeitsstufen der betreffenden Spannungsstufe als Betriebsarbeit abzugeben. Ist $\xi = 1$, so hat man den Spezialfall einer reinen Geschwindigkeitsturbine mit ζ Geschwindigkeitsstufen, und bei $\zeta = 1$ hat man den Spezialfall einer reinen Spannungsturbine mit ξ Spannungsstufen, wobei speziell jede Spannungsstufe auch gleichzeitig eine Geschwindigkeitsstufe darstellt.

Somit sind alle Spezialfälle von Dampfturbinen-Anordnungen im allgemeinen Problem enthalten.

Wir haben bereits ein Zahlenbeispiel aus dem allgemeinen Problem auf Grund unserer graphischen Darstellung der stufenweisen Analyse des Ausflusses behandelt, nämlich die Einteilung der disponiblen Dampfspannung von 10 kg/qcm bei einer Gegenspannung von 1 kg/qcm in 3 Spannungsstufen mit 4 Geschwindigkeitsstufen. Wir sind dabei, ebenso wie bei der stufenweisen Analyse des Ausflusses, von der üblichen Annahme ausgegangen, dass der ursprünglich trocken gesättigte Dampf nach und nach durch teilweise Kondensation nass werdend ein inniges Gemisch von Dampf und Wasser darstellt und deshalb dichter ist als trocken gesättigter Dampf von derselben Spannung. Diese Annahme entspricht, wie wir gesehen, der Zeuner'schen Konstanten $k = 1{,}135$ in der Funktionalbeziehung

$$pv^k = p_1 v_1^k$$

zwischen Spannung und spezifischem Volumen. Wie wir bereits gefunden haben, ist diese Annahme nicht einwandsfrei; es ist vielmehr anzunehmen, dass sich der Dampf beim raschen Ausfluss trotz teilweiser Molekular-Verdichtung wie trocken gesättigt verhält. Nun aber ist zum Dampfturbinenbetrieb ein Dampfstrom bestehend aus einem Gemisch von Dampf und Wasser überhaupt verwerflich und muss mit allen Mitteln vermieden werden, wie es auch tatsächlich bewerkstelligt wird, sei es durch Überhitzung, sei es durch eine hohe Temperatur der Dampfkanäle. Übrigens ist der Unterschied im spezifischen Volumen so gering, dass man für praktische Zwecke mit hinreichender Genauigkeit von beiden Annahmen zur Berechnung der Dampfkanal-Querschnitte ausgehen kann. Wegen Vollständigkeit der Behandlung des Problems der Spannungsverteilung wollen wir zuerst die Lösung allgemein entwickeln und zwar unter Zugrundelegung einer Konstanten k, welche verschiedene Zahlenwerte haben kann, u. a. insbesondere auch 1,135 entsprechend der Zeunerschen Annahme. Dann wollen wir das Problem unter der Annahme behandeln, dass der Dampfstrom sich beim Durchlaufen der Dampfturbine wie trocken gesättigt verhalte.

Bezeichnet man die Eintrittsgeschwindigkeit jeder Spannungsstufe mit C_e und die Austrittsgeschwindigkeit mit C_a, so hat man für eine Anzahl ξ von Spannungsstufen die Relation:

$$\frac{C_0{}^2}{2g} = \xi\left(\frac{Ce^2}{2g} - \frac{Ca^2}{2g}\right) + \frac{Ca^2}{2g}, \tag{98}$$

wo $\frac{C_0{}^2}{2g}$ die gesamte disponible kinetische Energie pro Gewichtseinheit des Dampfstromes ist.

Es ist

$$\frac{C_0{}^2}{2g} = \frac{k}{k-1}\,p_1 v_1 \left\{1 - \left(\frac{p_0}{p_1}\right)^{\frac{k-1}{k}}\right\},$$

wo p_1 und v_1 sich auf den Anfangszustand beziehen, während p_0 die Gegenspannung darstellt.

Bezeichnet man Spannung und spezifisches Volumen in irgend einem Stromquerschnitt mit p bezw. v und das spezifische Volumen des Abdampfes mit v_0, so ist allgemein

$$p_1 v_1{}^k = p v^k = p_0 v_0{}^k.$$

Die Austrittsenergie $\frac{Ca^2}{2g}$ jeder Spannungsstufe kann entweder an und für sich direkt oder in % von $\frac{C_0{}^2}{2g}$ gewählt werden; hierauf lässt sich die Eintrittsenergie jeder Spannungsstufe nach der Formel (98) ermitteln, indem

$$\frac{Ce^2}{2g} = \frac{1}{\xi}\left(\frac{C_0{}^2}{2g} - \frac{Ca^2}{2g}\right) + \frac{Ca^2}{2g}. \tag{99}$$

Demnach sind die Ein- und Austrittsgeschwindigkeiten des Dampfstromes in den Spannungsstufen nunmehr als bekannt anzusehen.

Es bleibt noch das spezifische Volumen des Dampfstromes von Spannungsstufe zu Spannungsstufe zu bestimmen, um die Kanalquerschnitte entsprechend zu dimensionieren.

Nun können wir für die gesamte kinetische Energie auch schreiben:

$$\frac{C_0{}^2}{2g} = \frac{k}{k-1}\,(p_1 v_1 - p_0 v_0).$$

Bezeichnet man die Gegenspannung in der ersten Spannungsstufe mit p_2, in der zweiten mit p_3 etc., so hat man analog für die erste Spannungsstufe

$$\frac{Ce^2}{2g} = \frac{k}{k-1}(p_1v_1 - p_2v_2);$$

für die zweite Spannungsstufe

$$\frac{Ce^2}{2g} - \frac{Ca^2}{2g} = \frac{k}{k-1}(p_2v_2 - p_3v_3);$$

für die dritte Spannungsstufe

$$\frac{Ce^2}{2g} - \frac{Ca^2}{2g} = \frac{k}{k-1}(p_3v_3 - p_4v_4);$$

. . . .

für die letzte Spannungsstufe

$$\frac{Ce_2}{2g} - \frac{Ca^2}{2g} = \frac{k}{k-1}(p_\xi v_\xi - p_0v_0).$$

In diesen Formeln bedeuten $v_2, v_3, v_4, \ldots v_\xi$ die den Spannungen $p_2, p_3, p_4 \ldots p_\xi$ entsprechenden spezifischen Volumen des Dampfstromes.

Da p_1 und v_1 sowie $\frac{Ce^2}{2g}$ und $\frac{Ca^2}{2g}$ bekannt sind, so kann man p_2v_2, p_3v_3 etc. aus den obigen Gleichungen bestimmen; man erhält:

$$\begin{aligned}
p_2v_2 &= p_1v_1 - \frac{k-1}{k}\frac{Ce^2}{2g};\\
p_3v_3 &= p_1v_1 - \frac{k-1}{k}\left(\frac{2\,Ce^2}{2g} - \frac{Ca^2}{2g}\right);\\
p_4v_4 &= p_1v_1 - \frac{k-1}{k}\left(\frac{3\,Ce^2}{2g} - \frac{2\,Ca^2}{2g}\right);\\
&\ldots\ldots\ldots\ldots\\
p_\xi v_\xi &= p_1v_1 - \frac{k-1}{k}\left\{\frac{(\xi-1)\,Ce^2}{2g} - \frac{(\xi-2)\,Ca^2)}{2g}\right\}.
\end{aligned} \tag{100}$$

Bezeichnet man die ausgerechneten Werte der rechten Seiten dieser Gleichungen bezw. mit B_2, $B_3 \ldots B_\xi$, so hat man:

$$\begin{aligned}
p_2v_2 &= B_2;\\
p_3v_3 &= B_3;\\
p_4v_4 &= B_4;\\
&\ldots\ldots\\
p_\xi v_\xi &= B_\xi.
\end{aligned} \tag{101}$$

Nun ist $$pv^k = \text{konstant};$$

bezeichnet D den konstanten Zahlenwert, so hat man mit

$$D = p_1 v_1^k:$$

$$\begin{aligned} p_2 v_2^k &= D; \\ p_3 v_3^k &= D; \\ p_4 v_4^k &= D; \\ &\cdots\cdots \\ p_\xi v_\xi^k &= D. \end{aligned} \tag{102}$$

Aus den obigen beiden Reihen von Gleichungen lassen sich die spezifischen Volumen $v_2, v_3, v_4 \ldots v_\xi$ ebenso wie die zugehörigen Spannungen $p_2, p_3, p_4 \ldots p_\xi$ leicht bestimmen.

Beispielsweise erhalten wir aus $p_2 v_2 = B_2$ und $p_2 v_2^k = D$:

$$v_2 = \left(\frac{D}{B_2}\right)^{\frac{1}{k-1}}, \tag{103}$$

daher

$$p_2 = \frac{B_2}{v_2}.$$

Ähnlich lassen sich die übrigen zusammengehörigen Grössen v_3 und p_3, v_4 und p_4 etc. bestimmen.

Zahlenbeispiel. Zum Vergleich mit den Ergebnissen der graphischen Spannungsabstufung wollen wir die vorstehenden Entwickelungen zur Lösung der nämlichen Aufgabe benutzen. Es sei also die Dampfspannung von **10** kg/qcm bei einer Gegenspannung von 1 kg/qcm in drei Spannungsstufen von je vier Geschwindigkeitsstufen einzuteilen.

Es ist

$$p_1 = 100\,000; \; p_0 = 10\,000; \; \xi = 3.$$

Die disponible kinetische Energie mit $k = 1{,}135$ beträgt:

$$\frac{C_0^2}{2g} = \frac{k}{k-1} p_1 v_1 \left\{1 - \left(\frac{p_1}{p_0}\right)^{\frac{k-1}{k}}\right\} = \frac{19660}{0{,}12}\left\{1 - 0{,}1^{0{,}12}\right\} = 39320.$$

Die mit dem Abdampf abziehende kinetische Energie setzen wir wieder $= 3\%$ der disponiblen Energie; wir erhalten

$$\frac{Ca^2}{2g} = 0{,}03 \cdot \frac{C_0^2}{2g} = 0{,}03 \cdot 39320 = 1180.$$

Hieraus ergibt sich die Abdampfgeschwindigkeit bezw. die Austrittsgeschwindigkeit jeder Spannungsstufe zu

$$Ca = \sqrt{2 \cdot 9{,}81 \cdot 1180} = 152 \text{ ms.}$$

Nach (99) hat man

$$\frac{Ce^2}{2g} = \frac{1}{\xi}\left(\frac{C_0^2}{2g} - \frac{Ca^2}{2g}\right) + \frac{Ca^2}{2g} = \frac{1}{3}(39320 - 1180) + 1180 = 13893.$$

Daher beträgt die Eintrittsgeschwindigkeit jeder Spannungsstufe

$$Ce = \sqrt{2 \cdot 9{,}81 \cdot 13893} = 522 \text{ ms.}$$

Nach (100) erhalten wir

$$p_2v_2 = p_1v_1 - \frac{k-1}{k}\frac{Ce^2}{2g} \cdot 19660 - 0{,}12 \cdot 13893 = 17993;$$

$$p_3v_3 = p_1v_1 - \frac{k-1}{k}\left(\frac{2\,Ce^2}{2g} - \frac{Ca^2}{2g}\right) = 19660 - 0{,}12\,(2 \cdot 13893 - 1180$$
$$= 16468.$$

Nun ist

$$p_1v_1^k = 100\,000 \cdot 0{,}1966^{\,1{,}135} = 15790.$$

Daher hat man nach (101) und (102)

$$p_2v_2 = B_2 = 17993$$

mit

$$p_2v_2^k = D = 15790;$$

und

$$p_3v_3 = B_3 = 16468$$

mit

$$p_3v_3^k = D = 15790.$$

Nach (103) erhält man für die erste Spannungsstufe

$$v_2 = \left(\frac{D}{B_2}\right)^{\frac{1}{k-1}} \left(\frac{15790}{17993}\right)^{\frac{1}{1{,}135-1}} = 0{,}3788 = \sim 0{,}38;$$

$$p_2 = \frac{B_2}{v_2} = \frac{17993}{0{,}3788} = \sim 47500.$$

Analog erhält man für die zweite Spannungsstufe

$$v_3 = \left(\frac{D}{B_3}\right)^{\frac{1}{k-1}} \left(\frac{15790}{16468}\right)^{\frac{1}{1{,}135-1}} = 0{,}7353 = \sim 0{,}74;$$

$$p_3 = \frac{B_3}{v_3} = \frac{16468}{0{,}7353} = \sim 2{,}2400.$$

Für die dritte Spannungsstufe ist p_0 10000, daher

$$v_0 = v_1 \left(\frac{p_1}{p_0}\right)^{1\,k} = 0{,}1966 \cdot 10^{\frac{1}{1{,}135}} = 1{,}492 = \sim 1{,}49.$$

Wie die Eintrittsgeschwindigkeit *Ce* jeder Spannungsstufe in vier Geschwindigkeitsstufen einzuteilen ist, wissen wir schon.

Die Dimensionierung der Dampfkanalquerschnitte geschieht nach der Stetigkeitsformel

$$G = \frac{qC}{v},$$

woraus

$$q = \frac{Gv}{C};$$

hier sind: G der pro Sekunde durchfliessende Dampfstrom in kg, C die Durchflussgeschwindigkeit des Dampfstromes im betreffenden Kanalquerschnitte in m/s, q der Kanalquerschnitt in qm und v das Volumen des Dampfstromes in cbm pro kg daselbst, also in der ersten Spannungsstufe $v = v_2$, in der zweiten $v = v_3$ und in der letzten $v = v_0$, wie wir ausgerechnet haben.

Da die vorhergehende Behandlungsmethode des Problems der Spannungsabstufung wegen der Potentialfunktionen zeitraubend ist und mit Hülfe kleiner Logarithmentafeln nur annähernd richtige Resultate liefert, so dürfte die folgende einfache und den tatsächlichen Verhältnissen mehr entsprechende Methode empfehlenswerter sein, worin der Dampfstrom als trocken gesättigt angenommen wird und die zugehörigen Tabellenwerte gesättigter Wasserdämpfe benuzt werden können.

Wir wollen die Methode wieder zuerst allgemein für ξ Spannungsstufen entwickeln. Es seien wieder p_1 und v_1 Spannung und spezifisches Volumen im Anfangszustande und p_0 bezw. v_0 im Endzustande.

Für die disponible Stromenergie haben wir nach der Sättigungsgrenze

$$\frac{C_0{}^2}{2g} = \frac{1}{1-m}(p_1 v_1 - p_0 v_0)$$

mit

$$m = 0{,}937.$$

Die Eintrittsenergie jeder Spannungsstufe beträgt wieder

$$\frac{Ce^2}{2g} = \frac{1}{\xi}\left(\frac{C_0{}^2}{2g} - \frac{Ca^2}{2g}\right) + \frac{Ca^2}{2g}.$$

Unter Beibehaltung der bisherigen Bezeichnungen für Spannung und spezifisches Volumen haben wir:

$$\frac{Ce^2}{2g} = \frac{1}{1-m}(p_1 v_1 - p_2 v_2);$$

$$\frac{Ce^2}{2g} - \frac{Ca^2}{2g} = \frac{1}{1-m}(p_2 v_2 - p_3 v_3) = \frac{1}{1-m}(p_3 v_3 - p_4 v_4)$$

$$= \ldots = \frac{1}{1-m}(p_\xi v_\xi - p_0 v_0).$$

Daher

$$p_2 v_2 = p_1 v_1 - (1 - m) \frac{Ce^2}{2g};$$

$$p_3 v_3 = p_2 v_2 - (1 - m) \left(\frac{Ce^2}{2g} - \frac{Ca^2}{2g}\right);$$

$$p_4 v_4 = p_3 v_3 - (1 - m) \left(\frac{Ce^2}{2g} - \frac{Ca^2}{2g}\right);$$

. . . .

$$p_\xi v_\xi = p_{\xi-1} v_{\xi-1} - (1 - m) \left(\frac{Ce^2}{2g} - \frac{Ca^2}{2g}\right);$$

$$p_0 v_0 = p_\xi v_\xi - (1 - m) \left(\frac{Ce^2}{2g} - \frac{Ca^2}{2g}\right).$$

Durch diese Gleichungen sind die Produkte $p_2 v_2$, $p_3 v_3$, . . . bestimmt; multipliziert man dieselben mit $A = \frac{1}{428}$, so erhält man ihre Wärmewerte, welche in Dampftabellen gegeben sind, denen man die zugehörigen p und v entnehmen kann.

Wir wollen dies auf dasselbe Zahlenbeispiel anwenden. Es sei also

$$\xi = 3;\ p_1 = 100\,000:\ p_0 = 10000.$$

Folglich hat man

$$v_1 = 0{,}1966;\ v_0 = 1{,}7162.$$

Daher wird

$$\frac{C_0^2}{2g} = \frac{1}{1-m} (p_1 v_1 - p_0 v_0) = \frac{1}{0{,}063} (19660 - 17162) = 39651 \text{ mkg}.$$

Wir setzen wieder

$$\frac{Ca^2}{2g} = 0{,}03 \cdot \frac{C_0^2}{2g} = 0{,}03 \cdot 39651 = 1190.$$

Daher folgt

$$\frac{Ce^2}{2g} = \frac{1}{\xi}\left(\frac{C_0^2}{2g} - \frac{Ca^2}{2g}\right) + \frac{Ca^2}{2g} = \frac{1}{3} (39651 - 1190) = 14010.$$

Somit hat man für die erste Spannungsstufe

$$p_2 v_2 = p_1 v_1 - (1 - m) \frac{Ce^2}{2g} = 19660 - 0{,}063 \cdot 14010 =$$
$$= 18777 \text{ mkg} = 43{,}9 \text{ Cal};$$

daher nach den Dampftabellen

$$p_2 = 4{,}5 \text{ kg/qcm};\ v_2 = 0{,}42 \text{ cbm/kg}.$$

Für die zweite Spannungstufe hat man

$$p_3 v_3 = p_2 v_2 - (1 - m) \left(\frac{Ce^2}{2g} - \frac{Ca^2}{2g}\right) = 18777 - 0{,}063\,(14010 - 1190) =$$
$$= 18777 - 808 = 17969 \text{ mkg} = 42{,}0 \text{ Cal};$$

daher nach den Dampftabellen:

$$p_3 = 2{,}2 \text{ kg/qcm}; \; v_3 = 0{,}82 \text{ cbm/kg}.$$

Für die dritte Spannungsstufe haben wir schon

$$p_0 = 1 \text{ kg/qcm}; \; v_0 = 1{,}72 \text{ cbm/kg}.$$

Die Eintrittsgeschwindigkeit jeder Spannungsstufe ist

$$Ce = \sqrt{2 \cdot 9{,}81 \cdot 14010} = 524 \text{ m/s},$$

und die Austrittsgeschwindigkeit jeder Spannungsstufe bezw. die Abdampfgeschwindigkeit beträgt

$$Ce = \sqrt{2 \cdot 9{,}81 \cdot 1190} = 153 \text{ m/s}.$$

Wir haben also nach dieser leichteren und einfacheren Methode der Spannungsabstufung annähernd dieselben Resultate wie bei der langwierigen Berechnung von Potentialfunktionen mittels logarithmischer Tafeln.

X. Grundformeln und Zahlenbeispiele zu Dampfturbinenberechnungen.

Nachdem wir die Prinzipien der Dampfturbinentheorie kennen gelernt haben, wollen wir nun zu Dampfturbinenberechnungen übergehen und zwar unter Berücksichtigung der tatsächlichen Arbeitsverluste und im Einklang mit praktischen Versuchsergebnissen.

Wenn auch die Verluste rein individueller Natur sind und von der Disponierung und Dimensionierung der betreffenden Dampfturbine abhängen,. so ist doch in dem zu erzielenden Dampfverbrauch eine Kontrolle für jeden Spezialfall gegeben.

Zu den Arbeitsverlusten gehören: der Reibungsverlust des Dampfstromes infolge der Bewegungswiderstände, der Wärmeverlust durch Ausstrahlung und Ableitung, der Reibungsverlust durch Rotation des Triebrades im Dampf, der Spaltverlust und endlich der Zapfenreibungsverlust.

Von allen diesen Arbeitsverlusten ist der erste — der Leitungsverlust — am grössten und muss daher besonders berücksichtigt werden, während die übrigen summarisch in Rechnung gezogen werden können.

Der Dampf leistet seine Arbeit in einer Dampfturbine, indem er abwechselnd durch Leit- und Triebkanäle strömt; es bildet somit derselbe einen zwangläufig geführten Strom, worauf die Leitungswandung einen gewissen Widerstand ausübt. Der dadurch verursachte Reibungsverlust ist folglich derselbe, wie bei der Bewegung von Dampf in Röhren. Wenn auch der Verlust wieder als Reibungswärme zur Geltung gelangt, so hat doch dieser Wiedergewinn nur Nutzen in der

Verringerung der Dampfkondensation bezw. der Wärmezufuhr von aussen, zur Aufrechterhaltung des trocknen Zustandes.

Mit Rücksicht auf die Wichtigkeit des Gegenstandes wollen wir hier die Dampfströmung durch Röhren generell analysieren, wobei der Dampfausfluss, die Fortleitung und die Führung durch Leit- und Triebkanäle Spezialfälle bilden.

Für die Bewegung sowohl von Dämpfen und Gasen als auch von Flüssigkeiten hat man empirische Formeln aufgestellt, welche sich durch Versuche bestätigt haben und welche nicht nur in ihrer Grundform, sondern auch – wie wir sehen werden — im Widerstandskoeffizienten übereinstimmen, was die ungefähre Richtigkeit des letzteren für alle Fälle dartut.

Nach den Versuchen von Prof. Gutermuth gilt für Dampfleitungen die dem Bau nach in der Wassertechnik bekannte Formel*):

$$z = \frac{15}{10^6} \gamma \frac{l}{d} C^2. \tag{104}$$

Hier sind:

z der Spannungsverlust in kg/qcm;
l die Leitungslänge in m;
d der Leitungsdurchmesser in cm;
γ das Dampfgewicht pro cbm in kg;
C die Dampfgeschwindigkeit in m/s.

Führt man in die obige Formel den Leitungsquerschnitt q in qcm und den Leitungsumfang Δ in cm ein, so erhält man generell für Leitungen sowohl von rundem als auch nicht rundem Querschnitt

$$z = \frac{3{,}75}{10^6} \gamma \frac{\Delta}{q} l C^2. \tag{105}$$

Will man nur Meter als Längeneinheit benutzen, so erhält man statt (105)

$$Z = \frac{3{,}75}{10^4} \gamma \frac{\Delta}{q} l C^2, \tag{106}$$

worin Z der Spannungsverlust in kg pro qm ist, Δ der Leitungsumfang in m und q der Leitungsquerschnitt in qm, während γ, l und C ihre Bezeichnung beibehalten.

---

*) Hütte. Dampfleitungen.

Die Formeln (104), (105) und (106) ermöglichen die Berechnung der Spannung Z zur Aufrechterhaltung der Dampfgeschwindigkeit C auf der Strecke l bei einem mittleren spezifischen Dampfgewicht γ. Da nun bei Dampf γ und C längs der Leitung im allgemeinen veränderlich sind, so geben die Formeln den mittleren Spannungsverlust an.

Genauer hat man nach (106) für jedes Längenelement des Dampfstromes

$$dZ = \frac{3{,}75}{10^4}\,\gamma\,\frac{\Delta}{q}\,C^2\,dl; \tag{107}$$

woraus sich durch Integration für die Länge l ergibt

$$Z = \frac{3{,}75}{10^4}\int_0^l \frac{\Delta}{q}\,\gamma\,C^2\,dl; \tag{108}$$

hier können Δ, q, γ und C von Punkt zu Punkt veränderlich sein und man erhält insbesondere bei konstanten bezw. mittleren Werten von Δ, q, γ und C die Näherungsformel (106).

Die übliche Widerstandsformel für Wasserleitungen lautet

$$h = \lambda\,\frac{l}{d}\,\frac{C^2}{2g}; \tag{109}$$

hier sind:

h der Druckhöhenversust in m,
l die Leitungslänge in m,
d der Leitungsdurchmesser in m,
C die Wassergeschwindigkeit in m/s,
$g = 9{,}81$ die Gravitationsbeschleunigung in m/s,
λ der Widerstandskoeffizient bei den gewählten Grundeinheiten.

Dupuit setzt für die obige Formel*)

$$\lambda = 0{,}03.$$

Um die Wasserformel mit der Dampfformel genau vergleichen zu können, müssen wir beide analog gestalten.

Bezeichnet man das Wassergewicht pro cbm mit γ und den Druckverlust der Wasserleitung pro qm mit Z, so hat man für den Druckhöhenverlust die Relation

$$h = \frac{Z}{\gamma};$$

*) Hütte. Druckleitungen.

folglich erhält man aus (109)

$$Z = \lambda\gamma \frac{l}{d}\frac{C^2}{2g} = \lambda\gamma l \frac{\pi d}{\pi d^2}\frac{C^2}{2g} = \sim \frac{1}{80}\lambda\gamma \frac{\varDelta}{q} l C^2.$$

Setzt man nach Dupuit

$$\lambda = 0{,}03,$$

so ergibt sich für Wasserleitungen gemäss (109)

$$Z = \frac{3{,}75}{10^4}\gamma \frac{\varDelta}{q} l C^2,$$

also genau die Formel (106), die wir aus der Formel (104) erhalten haben. Da die letztere, welche somit mit der Widerstandsformel des Wassers bis auf den Dupuit'schen Widerstandskoeffizienten identisch ist, für Dampfleitungen annähernd richtige Resultate liefert, so kann man annehmen, dass dieselbe Widerstandsformel generell für alle Flüssigkeiten, Dämpfe und Gase gilt.

Die Widerstandsformel

$$Z = \frac{3{,}75}{10^4}\gamma \frac{\varDelta}{q} l C^2$$

lässt sich kinetisch leicht ableiten und hat einen richtigen mechanischen Sinn, welcher dem wirklichen Sachverhalt entspricht.

Wir wollen die Ableitung in Verbindung mit der generellen Stromgleichung durchführen.

Es fliesse durch eine Leitung von beliebiger Querschnittsform ein Strom und es sei in einem Querschnitte q der Leitung in einer Entfernung l vom Anfangsquerschnitte aus gerechnet C die Stromgeschwindigkeit, p die Spannung pro Querschnittseinheit und $\varDelta$ der Leitungsumfang.

Bezeichnet M die pro Sekunde durchfliessende Strommasse, so stellt das Produkt MC im Querschnitte q auf Grund unserer Kraftdefinition die „Schwungkraft" daselbst dar, d. h. den pro Sekunde durch den Querschnitt fliessenden Schwung.

Vermöge dieser Schwungkraft hat der Strom das Bestreben, die Leitungswandung mit hinzureissen und erleidet daher am ganzen Leitungsumfang eine Hemmung, welche jedoch durch die gegenseitige leichte Verschiebbarkeit der Stromteilchen reduziert wird und daher um so grösser ist, je grösser das Verhältnis der berührten Umhüllung zum Stromquerschnitte ist. In Folge dessen ist der Verlust an Schwungkraft proportional der Schwungkraft selbst, dem Verhältnis des Umfanges zum Ouerschnitt und endlich der Leitungslänge.

Indem man die Summe der Kraftänderungen am Querschnitte q im Stromelement von der Länge dl gleich Null setzt, so erhält man

$$qdp + MdC + \varrho \frac{\varDelta}{q} MCdl = 0. \qquad (111)$$

Hier sind: qdp die Elementaränderung an Spannkraft, MdC die Elementaränderung an Schwungkraft und $\varrho \frac{\varDelta}{q} MCdl$ der Elementarverlust an Schwungkraft, unter ϱ ein von der physischen Beschaffenheit des Stromes abhängiger Widerstandskoeffizient verstanden.

Setzt man das Verhältnis des Umfanges zum Querschnitt

$$\frac{\varDelta}{q} = \delta$$

und bezeichnet man die Strommasse pro Volumeneinheit im Querschnitt q mit μ, so erhält man aus (111) mit

$$M = \mu q C$$

die generelle Stromgleichung

$$dp + \mu CdC + \varrho\delta\mu C^2 dl = 0. \qquad (112)$$

Dieselbe enthält drei Spezialfälle.

Ist $\varrho = 0$, so erhält man die uns bekannte Stromgleichung ohne Bezug auf die Leitungswiderstände

$$dp + \mu CdC = 0. \qquad (113)$$

Ist die Geschwindigkeit C längs der Leitung konstant, so erhält man mit $dC = 0$

$$dp + \varrho\delta\mu\, C^2\, dl = 0, \qquad (114)$$

d. h. die Abnahme an Spannung in Folge der Reibungswiderstände, nämlich

$$dp = -\, \varrho\delta\mu\, C^2\, dl.$$

Ist endlich die Spannung p längs der Leitung konstant, so erhält man aus (112) mit $dp = 0$

$$dC + \varrho\delta\, C\, dl = 0, \qquad (115)$$

d. h. die Abnahme an Geschwindigkeit in Folge der Reibungswiderstände, nämlich

$$dC = -\, \varrho\delta\, Cdl.$$

Wir wollen alle drei Spezialfälle mit Rücksicht auf die prinzipielle Wichtigkeit des Gegenstandes besonders in Betracht ziehen.

Zur Integration der Gleichung (113) müssen wir die Funktionalbeziehung zwischen μ und p kennen, falls, wie z. B. bei Dampf, μ von p abhängt.

Wir erhalten

$$\int_{p_1}^{p} \frac{dp}{\mu} + \int_{C_1}^{C} C dC = 0,$$

oder

$$\int_{p_1}^{p} \frac{dp}{\mu} + \frac{C^2 - C_1^2}{2} = 0. \qquad (116)$$

Die Grösse $\frac{dp}{\mu}$ ist die Änderung an potentieller oder Spannungsenergie pro Masseneinheit und die Grösse CdC die Änderung an kinetischer oder Schwungenergie pro Masseneinheit. Das Integral besagt folglich, dass die Summe der Änderungen an Spannungs- und Schwungenergie pro Masseneinheit gleich Null ist, falls keine Reibungswiderstände vorliegen.

Ist μ konstant, wie z. B. bei Flüssigkeiten, oder wenig veränderlich, wie bei Dämpfen und Gasen mit geringer Spannungsdifferenz längs der Leitung, so erhält man

$$\frac{p - p_1}{\mu} + \frac{C^2 - C_1^2}{2} = 0.$$

Für die Integration der Gleichung (114) ist auch die Kenntnis der Funktionalbeziehung zwischen μ und p notwendig, falls μ von p abhängig ist.

Man erhält, da nach der Voraussetzung die Stromgeschwindigkeit C konstant ist,

$$\int_{p_1}^{p} \frac{dp}{\mu} + \varrho C^2 \int_{0}^{l} \delta \, dl = 0;$$

macht man $\delta = \frac{\varDelta}{q}$ längs der Leitung konstant, so erhält man

$$\int_{p_1}^{p} \frac{dp}{\mu} + \varrho C^2 \delta l = 0. \qquad (117)$$

Das Integral $\int\limits_{p_1}^{p}\frac{dp}{\mu}$ ist wieder die Differenz an Spannungsenergie pro Masseneinheit an den Leitungspunkten 0 und l, während $\varrho\, C^2\, \delta\, l$ den Verlust an Schwungenergie pro Masseneinheit zwischen denselben Punkten darstellt, welcher Verlust durch die disponible Spannungsenergie ersetzt werden muss, um die Geschwindigkeit C aufrecht zu erhalten.

Ist μ konstant, wie z. B. bei Flüssigkeiten, oder wenig veränderlich, wie bei Dampf- und Gasströmen mit geringen Spannungsdifferenzen, so erhält man

$$\frac{p - p_1}{\mu} + \varrho\, C^2\, \delta\, l = 0, \tag{118}$$

oder, da $p_1 > p$,

$$\frac{p_1 - p}{\mu} = \varrho\, C^2\, \delta\, l.$$

Die Grösse $\frac{p_1 - p}{\mu}$ ist die Differenz an Spannungsenergie pro Masseneinheit und entspricht der sogen. elektromotorischen Kraft, welche daher in mechanischer Hinsicht nichts anderes ist, als Spannungsenergie pro Masseneinheit, während die Grösse M, d. h. die pro Sekunde durchfliessende Masse dem elektrischen Strom entspricht; aus (118) lässt sich leicht das Ohm'sche Gesetz ableiten.

Führt man nämlich in die Gleichung (118)

$$M = \mu\, q\, C$$

ein, so erhält man

$$\frac{p_1 - p}{\mu} = \frac{\varrho\, C\, \delta\, l\, M}{q\, \mu}; \tag{119}$$

nun hat $\delta = \frac{\varDelta}{q}$ beim elektrischen Strom keine Bedeutung; die Stromgeschwindigkeit C ist konstant; setzt man daher

$$\frac{\varrho\, C}{\mu} = \Omega,$$

so erhält man unter Weglassung von δ und, indem man $\frac{p_1 - p}{\mu}$ mit e bezeichnet,

$$e = \Omega \frac{l}{q} M,$$

also das Ohm'sche Gesetz.*)

Multipliziert man beide Seiten von (119) mit M und bemerkt man, dass

$$\frac{M(p_1 - p)}{\mu} = \frac{\mu q C (p_1 - p)}{\mu} = qC(p_1 - p)$$

der Energieverlust pro Sekunde ist, so erhält man

$$\frac{M(p_1 - p)}{\mu} = \frac{\varrho C \delta l M^2}{q\mu}; \qquad (120)$$

hieraus folgt, indem man für elektrische Ströme δ als bedeutungslos weglässt und den Energieverlust pro Sekunde mit J bezeichnet,

$$J = Me = \Omega \frac{l}{q} M^2, \qquad (121)$$

also das Joule'sche Gesetz.

Es gilt somit die Stromgleichung (112) im Prinzip für alle Ströme.

Aus (118) erhalten wir für unsere Berechnungen bei Wasser-, Dampf- und Gasleitungen, indem wir $p_1 - p = Z$ setzen

$$Z = \varrho \mu \delta l C^2 = \varrho \delta \frac{l}{q} CM. \qquad (122)$$

Da $\mu = \frac{\gamma}{g}$ ist, so erhalten wir für ϱ unter Zugrundelegung des Widerstandskoeffizienten von Dupuit bei Grundeinheiten m, kg und Sekunden den Zahlenwert $\frac{3,75}{10^3}$; allein hat Dupuit den Widerstand für alle Fälle 1,5 mal zu hoch veranschlagt; daher genügt für glattwandige Leitungen

$$\varrho = 0,003. \qquad (123)$$

Wir wollen noch kurz den dritten Spezialfall behandeln, wobei die Stromspannnung, wie z. B. bei Freistrahlturbinen, dieselbe bleibt, so dass nur Geschwindigkeitsabnahme stattfindet. Wir haben nach (115)

$$dC + \varrho \delta C dl = 0,$$

*) Die vorliegenden mathematischen Resultate sind meiner Abhandlung „Das Wesen des elektrischen Stromes“ entlehnt, welche ich in nächster Zeit zu veröffentlichen beabsichtige.

daher
$$\int_{C_1}^{C}\frac{dC}{C}+\varrho\int_{0}^{l}\delta\,dl=0.$$

Ist δ konstant, so erhält man
$$\operatorname{lognat}\frac{C}{C_1}+\varrho\delta l=0,$$

daher
$$C=C_1 e^{-\varrho\delta l}. \tag{124}$$

Da $\varrho=0{,}003$ ein kleiner Bruch ist und
$$e^{-x}=1-\frac{x}{1}+\frac{x^2}{2}-\text{etc.},$$
so kann man annähernd auch setzen
$$C=C_1\left\{1-\varrho\delta l\right\}. \tag{125}$$

Der Verlust an Schwungenergie pro Masseneinheit ist daher
$$\frac{C_1^2}{2}-\frac{C^2}{2}=\sim 2\,\varrho\delta l\,\frac{C_1^2}{2},$$
also nahezu zweimal mehr als an Geschwindigkeit.

Beim Ausfluss geht ein Teil der Spannung zur Bildung der Geschwindigkeit und ein Teil zur Überwindung der dabei auftretenden Reibung; erst nachdem die volle Geschwindigkeit erreicht ist, tritt in der Leitung der gewöhnliche der vollen Geschwindigkeit entsprechende Reibungswiderstand ein. Es ist daher nötig, den Reibungswiderstand sowohl bei der Entstehung als auch bei der Fortleitung des Stromes entsprechend zu berücksichtigen, und zwar auf Grund der generellen Stromgleichung (112)
$$dp+\mu\,CdC+\varrho\delta\mu\,C^2dl=0.$$

Bezeichnet man die Ausflussdüsenlänge mit l_1, die Endgeschwindigkeit mit C_1 und nimmt man annähernd an, die Geschwindigkeit steige allmälig proportional dem Wege, so hat man für die Düse
$$C=\frac{C_1}{l_1}\,l.$$

Demnach erhält man, indem man zur Einfachheit δ konstant voraussetzt, für die Düse und für die Leitungslänge l_2
$$\int_{p_1}^{p}\frac{dp}{\mu}=\left(1+\frac{2}{3}\,\varrho\delta l_1+2\,\varrho\delta l_2\right)\frac{C_1^2}{2},$$

woraus

$$\frac{C_1^2}{2} = \frac{\int\limits_{p_2}^{p_1} \frac{dp}{\mu}}{1 + \frac{2}{3}\varrho\delta l_1 + 2\varrho\delta l_2} \tag{126}$$

Insbesondere hat man bei konstantem μ bezw. bei einem mittleren Werte von μ

$$\frac{C_1^2}{2} = \frac{p_1 - p_2}{\mu\left(1 + \frac{2}{3}\varrho\delta l_1 + 2\varrho\delta l_2\right)}$$

worin p_1 die Anfangsspannung und p_2 die Gegenspannung am Leitungsende ist.

Für den Reibungswiderstand ϱ haben wir bei m, kg und Sekunden wie angenommen

$$\varrho = 0{,}003.$$

Es ist übrigens zu vermuten, dass ϱ von der Kohäsion der Stromteilchen unter einander und von der Adhäsion an die Leitungswände abhängen muss. Hierüber liegen jedoch keine Versuchsresultate vor und selbst die anderen Versuche sind in engen Grenzen ausgeführt.

Wir wollen nun die obigen Entwickelungen durch ein Zahlenbeispiel erläutern.

Es fliesse Dampf durch einen 9 cm langen Kanal von rechteckigem Querschnitt mit einer mittleren Geschwindigkeit von 206 m/s bei einem spezifischen Gewicht $\gamma = 4$ kg pro cbm; die Querschnittsbreite sei 2,7 cm und die Weite 0,5 cm. Es sei der Spannungsverlust zu bestimmen.

Wir haben nach (122)

$$Z = \varrho\mu\delta\, l\, C^2 = \varrho\delta \frac{l}{q}\, CM.$$

Es ist $l = 0{,}09$ m;

$$\varDelta = 2\,(2{,}7 + 0{,}5)\,.\,10^{-2} = 6{,}4\,.\,10^{-2} \text{ m};$$

$$q = 2{,}7\,.\,0{,}5\,.\,10^{-4} = 1{,}36\,.\,10^{-4} \text{ qm};$$

$$\delta = \frac{\varDelta}{q} = \frac{6{,}4\,.\,10^{-2}}{1{,}36\,.\,10^{-4}} = 4{,}7\,.\,10^2 = 470;$$

$$C = 206 \text{ m/s};$$

$$\mu = \frac{\gamma}{g} = \frac{4}{9{,}81} = \sim 0{,}4.$$

Daher

$$M = \mu q C = 0{,}4 \,.\, 1{,}36 \,.\, 10^{-4} \,.\, 206 = 0{,}0112.$$

Der Spannungsverlust beträgt somit

$$Z = \varrho \delta \frac{l}{q} C M = \frac{0{,}003 \,.\, 470 \,.\, 0{,}09 \,.\, 206}{1{,}36 \,.\, 10^{-4}} \,.\, 0{,}0112 =$$

$$= 2100 \text{ kg/qm} = 0{,}21 \text{ kg/qcm}.$$

Nach dem Vorhergehenden ist es klar, dass die Widerstandsverluste des Dampfstromes unbedingt in den Dampfturbinenberechnungen berücksichtigt werden müssen. Die exakte Berücksichtigung würde jedoch die Berechnungen von vornherein unnötig erschweren, da die Ergebnisse wegen der gegenwärtigen Unzuverlässigkeit der Grösse des Widerstandskoefficienten ϱ keineswegs als tatsächlich genau zutreffend angesehen werden könnten. Es empfiehlt sich daher, die genannten Verluste annähernd gemäss der Stromgeschwindigkeit in Prozentsätzen zu berücksichtigen, welche zu praktisch erreichbaren bezw. bereits erreichten Resultaten führen.

Dies vorausgeschickt, wollen wir nun zu Dampfturbinenberechnungen übergehen und dieselben vorerst generell durchführen und sie dann durch Zahlenbeispiele erläutern.

Problem I.

Es sei zunächst eine nur Geschwindigkeitsstufen benutzende Dampfturbine von P Pferdestärken zu berechnen und zwar bei gegebener Admissions- und Gegenspannung p_1 bezw. p_0, sowie bei einer vorgeschriebenen Umfangsgeschwindigkeit u; es werde hierbei vorausgesetzt, dass durch entsprechende Wärmezufuhr der Strom in trocken gesättigtem Zustand erhalten werde.

Wir haben für die Ausflussgeschwindigkeit ohne Rücksicht auf die Reibungswiderstände die Formel

$$\frac{C_0^2}{2g} = \frac{1}{1-m} (p_1 v_1 - p_0 v_0),$$

worin v_1 und v_0 die den Spannungen p_1 und p_0 entsprechenden spezifischen Volumen für den gesättigten Zustand sind; da nun $m = 0{,}937$ ist, so hat man rund

$$\frac{C_0^2}{2g} = 16 (p_1 v_1 - p_0 v_0). \qquad (127)$$

Den Reibungsverlust des Dampfstromes wollen wir von vornherein $= \sigma$ pro Einheit der Geschwindigkeit in jedem Leit- und Triebkanal annehmen; daher beträgt der zugehörige Verlust an Energie annähernd 2σ pro Einheit derselben. Bei Ausfluss, da die Geschwindigkeit allmählich von 0 bis auf ihre volle Grösse wächst, ist der Reibungsverlust höchstens halb so gross, als beim Durchfluss mit voller Geschwindigkeit.

Bezeichnet man daher die effektive Ausflussgeschwindigkeit mit C_{e1}, so hat man die Relation

$$\frac{C^2_{e1}}{2g} = 16(1-\sigma)(p_1 v_1 - p_0 v_0), \tag{128}$$

woraus

$$C_{e1} = \sqrt{32g(1-\sigma)(p_1 v_1 - p_0 v_0)} = \sim \left(1 - \frac{\sigma}{2}\right)\sqrt{32g(p_1 v_1 - p_0 v_0)}. \tag{129}$$

Mit dieser absoluten Geschwindigkeit tritt der Dampfstrom ins Triebrad ein und zwar unter einem Winkel α_{e1} gegen die Umfangsgeschwindigkeit, während die Eintrittsneigung der Triebschaufeln gegen die Umfangsgeschwindigkeit β_e beträgt; die relative Eintrittsgeschwindigkeit ins Triebrad sei w_{e1}. Damit der Eintritt stossfrei stattfinde, hat man die Beziehungen (Fig. 16)

$$\frac{C_{e1}}{\sin \beta_e} = \frac{w_{e1}}{\sin \alpha_{e1}} = \frac{u}{\sin(\beta_e - \alpha_{e1})} \tag{130}$$

Nach passender Annahme des Eintrittswinkels β_e der Triebschaufeln ergeben sich aus diesen Gleichungen rechnerisch, sowie auch aus der Zeichnung konstruktiv, der absolute Eintrittswinkel α_{e1} und die relative Eintrittsgeschwindigkeit w_{e1}.

Man erhält

$$\sin(\beta_e - \alpha_{e1}) = \frac{u \sin \beta_e}{C_{e1}} \tag{131}$$

und

$$w_{e1} = \frac{C_{e1} \sin \alpha_{e1}}{\sin \beta_e}.$$

Der Dampfstrom entwickelt beim Durchlaufen des Triebkanals seine Betriebsarbeit, welche wir bereits ohne Rücksicht auf die Nebenverluste formuliert haben und zwar unter der Voraussetzung, es bleibe die relative Geschwindigkeit w des

Dampfstromes längs des Triebkanals konstant $= w_{e1}$. Nun ist aber w tatsächlich nicht konstant, sondern nimmt infolge der Bahnwiderstände ab; daher ist die Arbeitsentwickelung entsprechend geringer. Wir müssen deshalb die Arbeitsgleichung möglichst unter Berücksichtigung der wirklichen Verhältnisse formulieren. Um die Untersuchung einheitlich zu gestalten, wollen wir hier die Analyse der Arbeitsentwickelung auf Grund der Schwungtheorie vollständig durchführen.

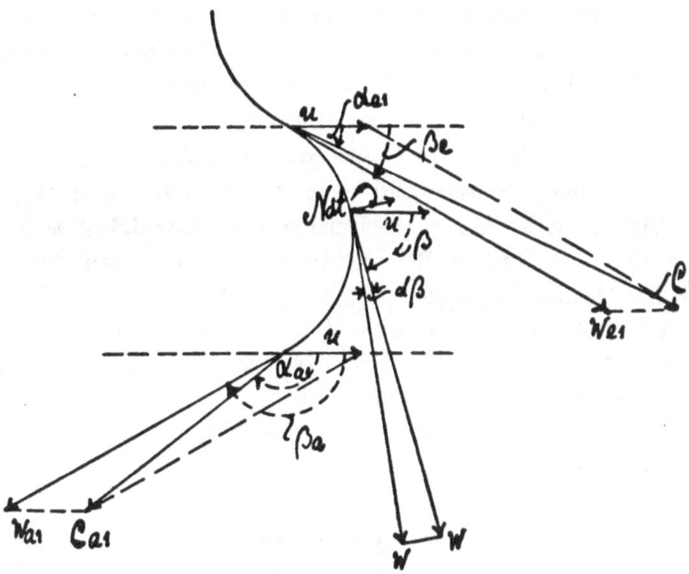

Fig. 16

Es sei (Fig. 16) in einem Querschnitte des Triebkanals die relative Geschwindigkeit des Dampfstromes $= w$; infolge der Bahnkrümmung stösst sich der Dampfstrom gegen das folgende Bahnelement mit einer Normalkomponente

$$w \sin \frac{d\beta}{2},$$

welche reflektiert wird und den Dampfstrom längs des folgenden Bahnelementes richtet; hierbei lenkt sich die Stromgeschwindigkeit um $2 \frac{d\beta}{2} = d\beta$ ab, während die Bahn durch den An- und Abprall einen senkrechten Elementarschwung

$$N\,d\,t = 2\,w \sin \frac{d\beta}{2}$$

pro Masseneinheit des Dampfstromes erfährt.

Nun ist $\sin \frac{d\beta}{2} = \frac{d\beta}{2}$, weil $d\beta$ sehr klein ist; daher

$$N\,d\,t = w\,d\beta.$$

Da der Triebkanal nur in der Richtung der Umfangsgeschwindigkeit beweglich ist, so müssen wir $N\,d\,t$ in der Richtung der Umfangsgeschwindigkeit und senkrecht dazu in Komponenten zerlegen, wovon die erste zum Antrieb dient, während die zweite vom Turbinenlager aufgenommen wird. Man erhält daher für die Elementararbeit pro Masseneinheit des Dampfstromes im betreffenden Punkte

$$d\,E_1 = N\,u \cos (Nu)\,dt = u\,w \sin \beta\,d\beta.$$

Unter der Voraussetzung einer Axialturbine ist u längs des Triebkanals konstant; die relative Geschwindigkrit w dagegen nimmt infolge der Reibungswiderstände ab; dazu kommt noch der Geschwindigkeitsverlust, welcher durch Wirbel infolge des An- und Abpralles verursacht wird und welcher um so grösser ist, je schärfer sich der Triebkanal wendet, also je kleiner dessen Krümmungsradius ist.

Die Arbeit des Dampfstromes pro Masseneinheit längs des Triebkanals beträgt

$$E_1 = u \int_{\beta_e}^{\beta_a} w \sin \beta\,d\beta.$$

Zur Ausführung der Integration bedürfen wir der Funktional-Beziehung zwischen w und β. Da es sich jedoch hier nur darum handelt, die Abnahme von w annähernd zu berücksichtigen, so empfiehlt es sich, für w einen Mittelwert anzunehmen und zwar

$$w = \frac{w_{e1} + w_{a1}}{2}$$

zu setzen, worin die relative Austrittsgeschwindigkeit

$$w_{a1} = w_{e1} - \sigma\,w_{e1} = (1 - \sigma)\,w_{e1}$$

ist, unter σ nach unserer Übereinkunft der Verlust pro Einheit der Durchflussgeschwindigkeit längs des Kanals verstanden.

Da die Grösse σ sowohl von der Dampfturbinendimension als auch vom Dampfturbinensystem abhängig ist, so könnte sie der charakteristische Widerstandskoefficient oder einfach die Charakteristik der betreffenden Type genannt werden. Die Charakteristik kann von vornherein passend angenommen und nach Ausführung einer Versuchsturbine genau festgestellt werden, um die ferneren Dampfturbinenberechnungen mit den praktischen Ergebnissen in Einklang zu bringen oder um durch Abänderung und Disponierung des Systems den schädlichen Einfluss der Widerstände zu reduzieren.

Mit der obigen Annahme

$$w = \frac{w_{e1} + w_{a1}}{2}$$

können wir die Integration der Arbeitsgleichung ausführen; wir erhalten

$$E_1 = u \int_{\beta_e}^{\beta_a} w \sin \beta \, d\beta = u \frac{w_{e1} + w_{a1}}{2} \int_{\beta_e}^{\beta_a} \sin \beta \, d\beta$$

$$= u \frac{w_{e1} + w_{a1}}{2} (\cos \beta_e - \cos \beta_a); \qquad (132)$$

oder, indem man

$$\beta_a = 180^0 - \beta_e$$

annimmt,

$$E_1 = u (w_{e1} + w_{a1}) \cos \beta_e. \qquad (133)$$

Dies ist die erste Arbeit pro Masseneinheit des Dampfstromes.

Die absolute Energie pro Masseneinheit beim Eintritt in den Triebkanal beträgt (Fig. 16)

$$\frac{C^2_{e1}}{2} = \frac{w^2_{e1}}{2} + \frac{u^2}{2} + u\, w_{e1} \cos \beta_e;$$

dagegen beim Austritt aus dem Triebkanal

$$\frac{C^2_{a1}}{2} = \frac{w^2_{a1}}{2} + \frac{u^2}{2} + u\, w_{a1} \cos \beta_a.$$

Daher beträgt der Aufwand an Energie

$$\frac{C^2_{e1}}{2} - \frac{C^2_{a1}}{2} = \frac{w^2_{e1} - w^2_{a1}}{2} + u (w_{e1} \cos \beta_e - w_{a1} \cos \beta_a)$$

$$= \frac{w^2_{e1} - w^2_{a1}}{2} + u (w_{e1} + w_{a1}) \cos \beta_e.$$

Da nach (133) die Grösse

$$u(w_{e1} + w_{a1}) \cos \beta_e$$

die Betriebsarbeit im Triebkanal darstellt, so ist

$$\frac{w^2_{e1} - w^2_{a1}}{2}$$

Verlust an kinetischer Energie im Triebkanal infolge der Stromwiderstände.

Die absolute Austrittsgeschwindigkeit C_{a1} ergibt sich nach Richtung und Grösse, indem man $w_{a1} = (1 - \sigma)\, w_{e1}$ macht und mit u nach dem Parallelogrammgesetz zusammensetzt.

Man erhält (Fig. 16)

$$C_{a1} \cos \alpha_{a1} = u + w_{a1} \cos \beta_a,$$

$$C_{a1} \sin \alpha_{a1} = w_{a1} \sin \beta_a.$$

Hieraus hat man

$$\tan \alpha_{a1} = \frac{w_{a1} \sin \beta_a}{u + w_{a1} \cos \beta_a},$$

$$C_{a1} = \frac{w_{a1} \sin \beta_a}{\sin \alpha_{a1}}.$$

Insbesondere haben wir mit

$$\left.\begin{aligned} \beta_a &= 180^0 - \beta_e \\ \tan \alpha_{a1} &= \frac{w_{a1} \sin \beta_e}{u - w_{a1} \cos \beta_e}, \\ C_{a1} &= \frac{w_{a1} \sin \beta_e}{\sin \alpha_{a1}}. \end{aligned}\right\} \qquad (134)$$

Mit der absoluten Geschwindigkeit C_{a1} unter dem Winkel α_{a1} gegen u tritt der Dampfstrom aus dem Triebkanal in einen Leitkanal und wird durch diesen zu einem anderen Triebkanal zugeführt.

Beim Durchströmen des Dampfes durch den Leitkanal findet wieder eine Energie - Abnahme infolge der Bahnwiderstände statt. Wir nehmen wieder den Verlust im Leitkanal $= \sigma$ pro Geschwindigkeitseinheit an; demnach beträgt die absolute Eintrittsgeschwindigkeit beim zweiten Triebkanal

$$C_{e2} = (1 - \sigma)\, C_{a1}.$$

Es wiederholt sich nun ein ähnliches Spiel wie im ersten Triebkanal. Da die Eintrittsneigung des zweiten Triebkanals gegen die Umfangsgeschwindigkeit dieselbe $= \beta_e$ ist, so erhält man daraus und aus der Grösse von C_{e2} den Neigungswinkel α_{e2} der absoluten Eintrittsgeschwindigkeit, sowie die Grösse der relativen Eintrittsgeschwindigkeit w_{e2}; hiernach ergibt sich wie vorher die relative Austrittsgeschwindigkeit

$$w_{a2} = (1 - \sigma)\, w_{e2}.$$

Die Arbeit des Dampfstromes pro Masseneinheit im zweiten Triebkanal beträgt ähnlich wie vorher

$$E_2 = u\,(w_{e2} + w_{a2}) \cos \beta_e.$$

Der Energie-Verlust pro Masseneinheit infolge der Wider stände im Triebkanal ist analog

$$\frac{w^2_{e2} - w^2_{a2}}{2}.$$

Ähnlich wie beim ersten Triebkanal können wir nun sowohl rechnerisch als auch graphisch die absolute Austrittsgeschwindigkeit C_{a2} für den zweiten Triebkanal bestimmen.

Mit dieser absoluten Geschwindigkeit tritt nun der Dampf in einen neuen Leitkanal, um zu einem dritten Triebkanal zugeführt zu werden. Das Spiel wiederholt sich, bis die absolute Austrittsgeschwindigkeit so klein wird, dass man den Dampf abströmen lassen kann. Hierbei muss man jedoch darauf wohl bedacht sein, dass praktisch die Geschwindigkeitsstufenzahl für jedes Dampfturbinensystem beschränkt ist und zwar eine gewisse Grenze — etwa 4 oder 5 — nicht überschreiten darf.

Der angedeutete stufenweise Rechnungsgang ergibt u. a. die Arbeiten der Triebkanäle pro Masseneinheit des durchfliessenden Dampfstromes:

$$E_1 = u\,(w_{e1} + w_{a1}) \cos \beta_e,$$
$$E_2 = u\,(w_{e2} + w_{a2}) \cos \beta_e,$$
$$E_3 = u\,(w_{e3} + w_{a}\,) \cos \beta_e,$$
$$\cdots\cdots\cdots$$

Folglich beträgt die Gesamtarbeit des Dampfstromes pro Masseneinheit

$$\Sigma E = E_1 + E_2 + E_3 + \ldots = u\,(w_{e1} + w_{a1} + w_{e2} + w_{a2} + \ldots) \cos \beta_e = $$
$$= u \cos \beta_e \Sigma w, \qquad (135)$$

unter Σw die Summe der relativen Ein- und Austrittsgeschwindigkeiten verstanden.

Bezeichnet man die pro Sek. durchfliessende Dampfmasse mit M, so beträgt die Arbeitsleitung in mkg/sek

$$L = M \Sigma E = M u \cos \beta_e \Sigma w. \qquad (136)$$

Dies entspricht der indizierten Arbeitsleistung der Kolbendampfmaschinen.

Da die Anzahl der verlangten effektiven Pferdestärken P ist, so muss man L entsprechend der Zapfenreibung, dem Spaltverlust, etc. um

$$\varphi = 0{,}1 - 0{,}2 = 10\% - 20\%$$

grösser nehmen; man hat daher

$$M \Sigma E = 75 (1 + \varphi) P.$$

Hieraus ergibt sich die pro Sek. nötige Dampfmasse

$$M = \frac{75 (1 + \varphi) P}{\Sigma E}.$$

Das pro Sek. erforderliche Dampfgewicht ist daher in kg

$$G = M g = \frac{75 g (1 + \varphi)}{\Sigma E} P. \qquad (137)$$

Folglich beträgt die pro effektive Pferdestunde nötige Dampfmenge in kg

$$D = \frac{60 \cdot 60 \cdot G}{P} = \frac{60 \cdot 60 \cdot 75 g (1 + \varphi)}{\Sigma E} = \frac{2648700 (1 + \varphi)}{\Sigma E}. \qquad (138)$$

Da wir für Dampfturbinen voraussetzen, dass der Dampfstrom mindestens trocken gesättigt sein muss, so ist die pro kg verbrauchte Wärme gleich der Summe aus der Wärmemenge, welche der Gegenspannung p_0 entspricht, aus dem Wärmewert der kinetischen Energie des Abdampfes und aus dem Wärmewert der geleisteten Arbeit pro kg Dampf. Ist die der Gegenspannung p_0 entsprechende Dampftemperatur nach Celsius t_0, so beträgt die zugehörige Wärmemenge pro kg, von 10^0 C aus gerechnet, in Cal

$$\lambda_0 = 606{,}5 + 0{,}305 (t_0 - 10).$$

Wenn man $A = \frac{1}{428}$ einführt und die Abdampfgeschwindigkeit mit C_a bezeichnet, so erhält man für den Wärmewert der kinetischen Energie des Abdampfes pro kg

$$\frac{A C_a^2}{2g}.$$

Endlich hat man für den Wärmewert der pro kg Dampf geleisteten Arbeit

$$\frac{A \Sigma E}{g}.$$

Daher beträgt die gesamte pro kg Dampf erforderliche Wärme in Calorien

$$F = \lambda_0 + \frac{A C_a^2}{2g} + \frac{A \Sigma E}{g}. \tag{139}$$

Folglich benötigt man pro Pferdestunde $D \cdot F$ Calorien.

Ein kg Steinkohle enthält 7756 Cal und entwickelt in Dampfgeneratoren ca. 5817 Cal bei einem Wirkungsgrad von 75 %; daher beträgt die pro effektive Pferdestunde nötige Steinkohlenmenge in kg

$$S = \frac{D F}{5817}. \tag{140}$$

Der absolute Wirkungsgrad der Kraftanlage ist

$$\eta = \frac{60 \cdot 60 \cdot 75}{7756 \cdot 428 \cdot S} = \frac{0{,}082}{S}. \tag{141}$$

Was die Dimensionierung der Kanalquerschnitte anbetrifft, so hat man zu berücksichtigen, dass bei reinen Geschwindigkeitsturbinen das spezifische Volumen des Dampfstromes entsprechend der Gegenspannung p_0 durchweg konstant $= v_0$ ist. Da wir die Durchflussgeschwindigkeiten in den Leit- bezw. Triebkanälen bereits bestimmt haben, so erhalten wir die zugehörigen Kanalquerschnitte aus

$$q = \frac{G v_0}{C} \text{ bezw. } q = \frac{G v_0}{w},$$

worin G, das pro Sek. durchfliessende Dampfgewicht, nach (139) bekannt ist, während C und w die absolute bezw. relative Durchflussgeschwindigkeit darstellen.

Nun gehen wir zur Berechnung einer reinen Spannungsturbine über.

Problem II.

Es sei eine nur Spannstufen besitzende Dampfturbine von P Pferdestärken zu berechnen und zwar wieder bei gegebener Admissions- und Gegenspannung p_1 bezw. p_0, sowie bei einer vorgeschriebenen Umfangsgeschwindigkeit u; es werde wieder vorausgesetzt, dass der Dampfstrom durch entsprechende Wärmezufuhr in trockengesättigtem Zustande erhalten werde.

Die einfachste Anordnung besteht darin, dass der Dampfstrom mit einer und derselben absoluten Geschwindigkeit C_e, also auch mit einer und derselben relativen Geschwindigkeit w_e, in jeden Triebkanal eintritt, der mit dem vorhergehenden Leitkanal eine Spannstufe bildet.

Die absolute Eintrittsgeschwindigkeit C_e ist von vornherein passend, etwa = 200 – 400 m/s„ zu wählen. Je grösser C_e, um so geringer die nötige Spannstufenzahl, jedoch um so grösser der Reibungsverlust, so dass bei kleinen Turbinen C_e gross und bei grossen dagegen klein zu wählen ist.

Die Entwickelung der absoluten Eintrittsgeschwindigkeit C_e für die erste Spannstufe beansprucht einen Teil der disponiblen Spannungsenergie; dadurch sinkt die Dampfspannung von p_1 auf p_2, während das spezifische Volumen von v_1 auf v_2 steigt.

Zur Bestimmung von p_2 und v_2 hat man, indem man mit Rücksicht auf die einfache Form des Leitkanals den Widerstandskoefficienten σ für die ganze Geschwindigkeit C_e in Rechnung zieht,

$$(1+2\sigma)\frac{C_e^2}{2g} = 16\,(p_1 v_1 - p_2 v_2).$$

Hieraus erhält man

$$p_2 v_2 = p_1 v_1 - \frac{(1+2\sigma)\,C_e^2}{32g}, \qquad (142)$$

wonach die Werte von p_2 und v_2 den Dampftabellen entnommen werden können.

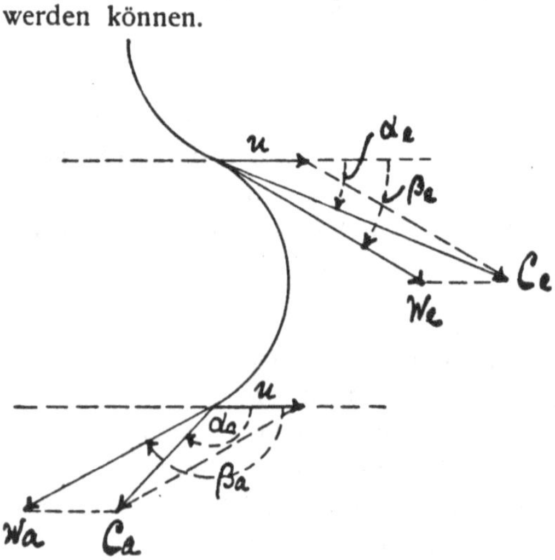

Fig. 17

Der Dampfstrom tritt mit der absoluten Geschwindigkeit C_e, bei der Spannung p_2 und bei dem spezifischen Volumen v_2 in einen Triebkanal ein.

Für den stossfreien Eintritt haben wir (Fig 17)

$$\frac{C_e}{\sin \beta_e} = \frac{w_e}{\sin \alpha_e} = \frac{u}{\sin(\beta_e - \alpha_e)}.$$

Nach Annahme des Eintrittswinkels β_e der Triebkanäle kann man somit rechnerich wie auch graphisch den absoluten Eintrittswinkel α_e und die relative Eintrittsgeschwindigkeit w_e bestimmen; man erhält

$$\left.\begin{aligned} \sin(\beta_e - \alpha_e) &= \frac{u \sin \beta_e}{C_e} \\ \text{und} \qquad w_e &= \frac{C_e \sin \alpha_e}{\sin \beta_c}. \end{aligned}\right\} \qquad (143)$$

Die relative Geschwindigkeit wird zwar längs des Triebkanals durch den Bahnwiderstand verringert, ist jedoch vom Kanalquerschnitt abhängig, indem die Spannungsreserve $p_2 - p_0$ die Verluste ersetzen und Änderungen zulassen kann. Wir wollen zur Einfachheit annehmen, dass der Ersatz der Verluste im folgenden Leitkanal stattfindet. Demnach haben wir für die relative Austrittsgeschwindigkeit, wie im vorigen Problem,

$$w_a = (1 - \sigma)\, w_e,$$

während längs des Triebkanals dieselbe Spannung p_2 herrscht.

Zur Bestimmung der absoluten Austrittsgeschwindigkeit nach Richtung und Grösse hat man daher

$$\begin{aligned} C_a \cos \alpha_a &= u + w_a \cos \beta_a \\ C_a \sin \alpha_a &= w_a \sin \beta_a. \end{aligned}$$

Macht man wieder

$$\beta_a = 180^0 - \beta_e,$$

so erhält man

$$\left.\begin{aligned} \tan \alpha_a &= \frac{w_a \sin \beta_e}{u - w_a \cos \beta_e} \\ \text{und} \qquad C_a &= \frac{w_a \sin \beta_e}{\sin \alpha_a}. \end{aligned}\right\} \qquad (144)$$

Die Arbeit pro Masseneinheit des Dampfstromes im ersten Triebkanal ist bei gleicher Spannung längs desselben, wie früher,

$$E = (w_e + w_a)\, u \cos \beta_e. \tag{145}$$

Dies ist die Arbeit der ersten Spannstufe; dagegen beträgt der Energie-Aufwand im Leitkanal

$$2\sigma \frac{C_e^2}{2}$$

und im Triebkanal

$$\frac{C_e^2 - C_a^2}{2},$$

so dass der gesamte Energie-Aufwand der ersten Spannstufe ist

$$2\sigma \frac{C_e^2}{2} + \frac{C_e^2 - C_a^2}{2} + \frac{(1 + 2\sigma) C_e^2 - C_a^2}{2}. \tag{146}$$

Nun tritt der Dampfstrom mit der absoluten Geschwindigkeit C_a bei der Spannung p_2 in einen zweiten Leitkanal, dort erhöht er seine Geschwindigkeit von C_a auf C_e und fliesst in einen zweiten Triebkanal, der mit dem Leitkanal die zweite Spannstufe bildet. Zur Erhöhung der absoluten Geschwindigkeit von C_a auf C_e sowie zur Überwindung der Durchflusswiderstände findet ein entsprechender Aufwand an Spannungsenergie statt. Bezieht man den Widerstandskoefficienten σ zur Sicherheit auf die volle Durchflussgeschwindigkeit C_e und bezeichnet man Spannung und spezifisches Volumen am Leitkanalaustritt mit p_3 bezw. v_3, so hat man die Beziehung

$$\frac{C_e^2 - C_a^2}{2} + 2\sigma \frac{C_e^2}{2} = 16 g (p_2 v_2 - p_3 v_3).$$

Hieraus ergibt sich

$$p_3 v_3 = p_2 v_2 - \frac{(1 + 2\sigma) C_e^2 - C_a^2}{32 g}.$$

Nun haben wir nach (142) für die erste Spannstufe

$$p_2 v_2 = p_1 v_1 - \frac{(1 + 2\sigma) C_e^2}{32 g} = \left(p_1 v_1 - \frac{C_a^2}{32 g}\right) - \frac{(1 + 2\sigma) C_e^2 - C_a^2}{32 g};$$

daher erhalten wir für die zweite Spannstufe

$$p_3 v_3 = \left(p_1 v_1 - \frac{C_a^2}{32 g}\right) - 2\, \frac{(1 + 2\sigma) C_e^2 - C_a^2}{32 g}.$$

Da sich dasselbe Spiel von Spannstufe zu Spannstufe wiederholt, so erhält man für die $n$te Spannstufe

$$p_{n+1} \cdot v_{n+1} = \left(p_1 v_1 - \frac{C_a^2}{32 g}\right) - n \frac{(1+2\sigma) C_e^2 - C_a^2}{32 g}. \quad (147)$$

Hiernach lässt sich das Produkt $p_{n+1} \cdot v_{n+1}$, für jede Spannstufe direkt bestimmen, worauf p_{n+1} und v_{n+1} den Dampftabellen entnommen werden können, da der Dampfstrom durch entsprechende Wärmeeinfuhr als trocken gesättigt vorausgesetzt wird.

In der zweiten Spannstufe erhält man dieselbe Betriebsarbeit bei demselben Energie-Aufwand, wie in der ersten Spannstufe, und das Spiel wiederholt sich von Spannstufe zu Spannstufe bis die ganze Spannungsdifferenz $p_1 - p_0$ verbraucht wird, wonach der Dampfstrom mit der absoluten Geschwindigkeit C_a die Turbine verlässt.

Man erhält daher die Anzahl ξ der Spannstufen, indem man die disponible Spannungsenergie um die Grösse der Abdampfenergie vermindert und den Rest durch den Gesamtaufwand einer Spannstufe dividiert, d. h.

$$\xi = \frac{16 g (p_1 v_1 - p_0 v_0) - \frac{1}{2} C_a^2}{\frac{1}{2}(1+2\sigma) C_e^2 - \frac{1}{2} C_a^2} = \frac{32 g (p_1 v_1 - p_0 v_0) - C_a^2}{(1+2\sigma) C_e^2 - C_a^2}. \quad (148)$$

Die Gesamtarbeit des Dampfstromes pro Masseneinheit beträgt somit, da die Arbeit pro Stufe dieselbe ist,

$$\Sigma E = \xi E = \xi (w_e + w_a)\, u \cos \beta_e. \quad (149)$$

Daher beträgt die Arbeitsleistung bei einer Dampfmasse M pro Sek.

$$L = M \Sigma E = M \xi (w_e + w_a)\, u \cos \beta_e \text{ mkg/sec.}$$

Für P effektive Pferdestärken hat man daher, indem man für Zapfenreibung, Spaltverlust etc. φ pro Pferdestärke rechnet

$$M \xi (w_e + w_a)\, u \cos \beta_e = 75 (1 + \varphi) P;$$

hieraus ergibt sich die pro Sek. nötige Dampfmasse

$$M = \frac{75 (1 + \varphi) P}{\xi (w_e + w_a)\, u \cos \beta_e} = \frac{75 (1 + \varphi) P}{\Sigma E},$$

oder auch das pro Sek. nötige Dampfgewicht

$$G = M g = \frac{75 g (1 + \varphi) P}{\xi (w_e + w_a)\, u \cos \beta_e} = \frac{75 g (1 + \varphi) P}{\Sigma E}. \quad (150)$$

Daher beträgt die Dampfmenge pro effektive Pferdestunde

$$D = \frac{60 \cdot 60 \cdot G}{P} = \frac{60 \cdot 60 \cdot 75 g (1 + \varphi)}{\xi (w_e + w_a) u \cos \beta_e} = \frac{2648700 (1 + \varphi)}{\Sigma E} \text{ kg.} \tag{151}$$

P r o b l e m III.

Es bleibt nur noch übrig, das generelle Problem zu lösen, nämlich die Berechnung einer Dampfturbine von ξ Spannstufen, von denen jede ζ Geschwindigkeitsstufen enthalten soll; die Spannstufenzahl ξ, sowie die Anfangs- und Endspannung p_1 bezw. p_0 seien vorgeschrieben, dagegen soll die Umfangsgeschwindigkeit u passend gewählt und danach die Geschwindigkeitsstufenzahl ζ bestimmt werden.

Dies ist eine Kombination der beiden vorigen Spezialprobleme und lässt sich nunmehr leicht behandeln.

Die disponible Spannungsenergie pro Masseneinheit ist

$$\frac{C_0^2}{2} = 16 g (p_1 v_1 - p_0 v_0). \tag{152}$$

Bezeichnet man die Eintrittsgeschwindigkeit jeder Spannstufe ohne Rücksicht auf die Widerstände mit C_e und die Austrittsgeschwindigkeit jeder Spannstufe, also auch der ganzen Turbine, mit C_a, so hat man die Relation

$$\xi \left(\frac{C_e^2}{2} - \frac{C_a^2}{2} \right) + \frac{C_a^2}{2} = \frac{C_0^2}{2}.$$

Hieraus folgt

$$C_e = \sqrt{\frac{1}{\xi} (C_0^2 - C_a^2) + C_a^2} = \frac{C_0}{\sqrt{\xi}} \sqrt{1 + (\xi - 1) \left(\frac{C_a}{C_0} \right)^2}, \tag{153}$$

wo $\left(\frac{C_a}{C_0} \right)^2 = \frac{\frac{1}{2} C_a^2}{\frac{1}{2} C_0^2}$ passend angenommen werden kann.

Die effektive Eintrittsgeschwindigkeit jeder Spannstufe beträgt, indem man hier σ auf die halbe Geschwindigkeit bezieht,

$$C_{e1} = \left(1 - \frac{\sigma}{2} \right) C_e.$$

Nach Annahme von u haben wir nun C_{e1} gemäss dem ersten Problem in Geschwindigkeitstufen einzuteilen, bis die Austrittsgeschwindigkeit nahezu C_a beträgt.

Mit der absoluten Geschwindigkeit C_a verlässt der Dampfstrom die erste Spannstufe und tritt wieder mit der absoluten

Geschwindigkeit C_{e_1} in die zweite Spannstufe ein und wiederholt dasselbe Spiel, wie in der ersten, und so fort.

Die Arbeit des Dampfstromes pro Masseneinheit in den sämtlichen Geschwindigkeitsstufen einer Spannstufe beträgt, wie im ersten Problem

$$u \cos \beta_e \Sigma w;$$

für ξ Spannstufen hat man daher

$$\Sigma E = \xi u \cos \beta_e \Sigma w. \tag{154}$$

Bei einer Dampfmasse M pro Sek. ist daher die Leistung

$$L = M \xi u \cos \beta_e \Sigma w \text{ mkg/sec.}$$

Für P effektive Pferdestärken hat man hieraus bei einem Verlust φ pro Pferdestärke auf Zapfenreibung etc.

$$M = \frac{75(1+\varphi)P}{\xi u \cos \beta_e \Sigma w} = \frac{75g(1+\varphi)P}{\Sigma E}.$$

Daher beträgt das pro Sek. nötige Dampfgewicht

$$G = Mg = \frac{75g(1+\varphi)P}{\xi u \cos \beta_e \Sigma w} = \frac{75g(1+\varphi)P}{\Sigma E} \text{ kg.} \tag{155}$$

Hieraus erhält man, wie vorher, die Dampfmenge pro effektive Pferdestunde und den Kohlenverbrauch.

Zur Dimensionierung der Kanäle ist zu bemerken, dass die nämlichen Geschwindigkeiten von Spannstufe zu Spannstufe periodisch wiederkehren, während das spezifische Volumen von Spannstufe zu Spannstufe zunimmt; für die $n$te Spannstufe hat man

$$p_{n+1} \cdot v_{n+1} = \left(p_1 v_1 - \frac{C_a^2}{32g}\right) - n \frac{C_e^2 - C_a^2}{32g}, \tag{156}$$

wonach die Spannung p_{n+1} und das spezifische Volumen v_{n+1} Dampftabellen entnommen werden können.

Nun wollen wir die generellen Lösungen der drei prinzipiellen Dampfturbinenprobleme auf Zahlenbeispiele anwenden.

Zahlenbeispiel 1. Berechnung einer zehnpferdigen nur Geschwindigkeitsstufen besitzenden Auspuffdampfturbine bei einer Admissionsspannung von 10 kg pro qcm und einer Umfangsgeschwindigkeit von 50 m/s.

Lösung.

Es ist gegeben:

$P = 10$; $p_1 = 100000$ kg/qm; $p_0 = 10000$ kg/qm; $u = 50$ m/s.

Wir setzen voraus, dass der Dampfstrom durch entsprechende Wärmezufuhr durchweg trocken gesättigt bleibt; demnach haben wir

$$v_1 = 0{,}1966 \text{ und } v_0 = 1{,}716.$$

Für den Verlustkoefficienten σ nehmen wir überall den Wert $\sigma = 0{,}10$ an.

Nach (129) beträgt die effektive Ausflussgeschwindigkeit

$$C_{e1} = \left(1 - \frac{\sigma}{2}\right)\sqrt{32 g (p_1 v_1 - p_0 v_0)} = (1 - 0{,}5)\sqrt{32 \cdot 9{,}81 (19660 - 17160)} =$$

$$= 0{,}95 \sqrt{314 \cdot 2500} = 0{,}95 \sqrt{785000} = 0{,}95 \cdot 886 = 842 \text{ m/s}.$$

Für die Triebkanäle nehmen wir von vornherein den Eintrittswinkel β_e, sowie den Austrittswinkel β_a an, und zwar

$$\beta_e = 30^0,$$

$$\beta_a = 180^0 - \beta_e = 180^0 - 30^0 = 150^0.$$

Nun zeichnen wir unter Zugrundelegung von $\beta_e = 30^0$, $u = 50$ und $C_{e1} = 842$ ein Doppelleiter-Diagramm (Fig. 18). Gleichzeitig wollen wir die Geschwindigkeitsabstufung auch rechnerisch durchführen. So werden beide Methoden die Lösung deutlich veranschaulichen.

Erste Geschwindigkeitsstufe.

Wir erhalten den Neigungswinkel α_{e1} der absoluten Eintrittsgeschwindigkeit C_{e1} und die relative Eintrittsgeschwindigkeit w_{e1} nach (131):

$$\sin(\beta_e - \alpha_{e1}) \, u \frac{\sin \beta_e}{C_{e1}} = 50 \cdot \frac{0{,}5}{842} = 0{,}03;$$

daher

$$\beta_e - \alpha_{e1} = 1^0 45';$$

somit

$$\alpha_{e1} = 30^0 - 1^0 45' = 28^0 15'.$$

Folglich beträgt die relative Eintrittsgeschwindigkeit

$$w_{e1} = C_{e1} \frac{\sin \alpha_{e1}}{\sin \beta_e} = 842 \cdot \frac{0{,}473}{0{,}5} = 797.$$

Die relative Austrittsgeschwindigkeit beträgt daher

$$w_{a1} = (1 - \sigma) \, w_{e1} = (1 - 0{,}10) \, 797 = 0{,}90 \cdot 797 = 717.$$

Die Arbeit des Dampfstromes pro Masseneinheit in der ersten Geschwindigkeitsstufe beträgt nach (133)

$$E_1 = u (w_{e1} + w_{a1}) \cos \beta_e = 50 \, (797 + 717) \, 0{,}866 = 65556 \text{ mkg}.$$

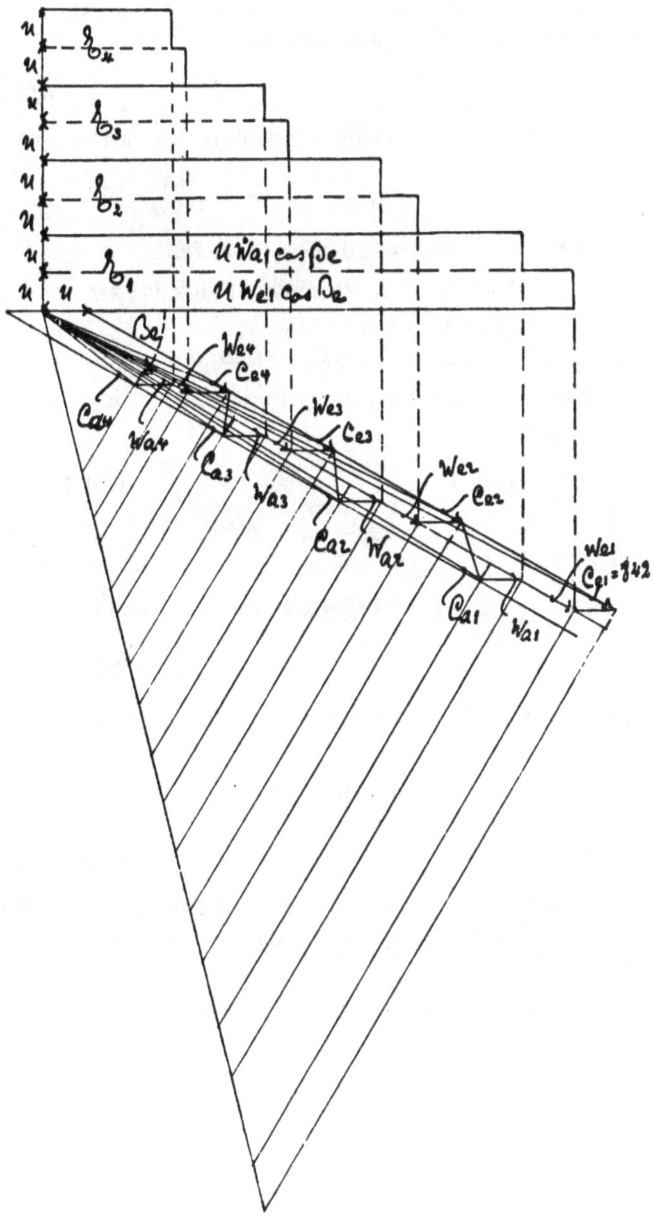

Fig. 18

Die absolute Austrittsgeschwindigkeit C_{a1} ergibt sich nach Richtung und Grösse aus (134)

$$tan\,\alpha_{a1} = \frac{w_{a1}\,sin\,\beta_e}{u - w_{a1}\,cos\,\beta_e} = \frac{717 \cdot 0{,}5}{50 - 717 \cdot 0{,}866} = -0{,}629.$$

$$\alpha_{a1} = 180^0 - 32^0\,10' = 147^0\,50'.$$

$$C_{a1} = w_{a1}\frac{sin\,\beta_e}{sin\,\alpha_{a1}} = 717 \cdot \frac{0{,}5}{0{,}532} = 674.$$

Zweite Geschwindigkeitsstufe.

Die absolute Eintrittsgeschwindigkeit der zweiten Geschwindigkeitsstufe beträgt

$$C_{e2} = (1 - \sigma)\,C_{a1} = 0{,}90 \cdot 674 = 607.$$

Der Eintrittswinkel derselben ergibt sich, wie in der ersten Stufe:

$$sin\,(\beta_e - \alpha_{e2}) = \frac{u\,sin\,\beta_e}{C_{e2}} = 50 \cdot \frac{0{,}5}{607} = 0{,}0412;$$

$$\beta_e - \alpha_{e2} = 2^0\,20';$$

daher

$$\alpha_{e2} = 30^0 - 2^0\,20' = 27^0\,40'.$$

Die relative Eintrittsgeschwindigkeit beträgt

$$w_{e2} = C_e\frac{sin\,\alpha_{e2}}{sin\,\beta_e} = 607 \cdot \frac{0{,}464}{0{,}5} = 564.$$

Die relative Austrittsgeschwindigkeit beträgt

$$w_{a2} = (1 - \sigma)\,w_{e2} = 0{,}90 \cdot 564 = 507.$$

Die Arbeit des Dampfstromes pro Masseneinheit in der zweiten Geschwindigkeitsstufe beträgt

$$E_2 = u\,(w_{e2} + w_{a2})\,cos\,\beta_e = 50\,(564 + 507)\,0{,}866 = 46374.$$

Der Neigungswinkel α_{a2} der absoluten Austrittsgeschwindigkeit C_{a2} ergibt sich, wie in der ersten Stufe

$$tan\,\alpha_{a2} = \frac{w_{a2}\,sin\,\beta_e}{u - w_{a2}\,cos\,\beta_e} = \frac{507 \cdot 05}{50 - 507 \cdot 0{,}866} = -\frac{253{,}5}{389} = -0{,}65.$$

$$\alpha_{a2} = 180^0 - 33^0 = 167^0.$$

Die Grösse der absoluten Austrittsgeschwindigkeit C_{a2} beträgt

$$C_{a2} = w_{a2}\frac{sin\,\beta_e}{sin\,\alpha_{a2}} = 507\,\frac{0{,}5}{0{,}5446} = 464.$$

Dritte Geschwindigkeitsstufe.

Die absolute Eintrittsgeschwindigkeit beträgt

$$C_{e3} = (1 - \sigma)\,C_{a2} = 0{,}90 \cdot 464 = 418.$$

Für den Neigungswinkel α_{e3} hat man

$$\sin(\beta_e - \alpha_{e3}) = u \frac{\sin \beta_e}{C_{e3}} = 50 \cdot \frac{0,5}{418} = 0,060;$$

$$\beta_e - \alpha_{e3} = 3^0\,30';$$

$$\alpha_{e3} = 30^0 - 3^0\,30' = 26^0\,30'.$$

Die relative Eintrittsgeschwindigkeit beträgt

$$w_{e3} = C_{e3} \frac{\sin \alpha_{e3}}{\sin \beta_e} = 418 \cdot \frac{0,4462}{0,5} = 373.$$

Die relative Austrittsgeschwindigkeit beträgt

$$w_{a3} = (1 - \sigma)\, w_{e3} = 0,90 \cdot 373 = 336.$$

Die Arbeit pro Masseneinheit des Dampfstromes beträgt

$$E_3 = u\,(w_{e3} + w_{a3}) \cos \beta_e = 50\,(373 + 336)\,0,866 = 30700.$$

Für die absolute Austrittsgeschwindigkeit hat man

$$\tan \alpha_{a3} = \frac{w_{a3} \sin \beta_e}{u - w_{a3} \cos \beta_e} = \frac{336 \cdot 0,5}{50 - 336 \cdot 0,866} = -0,697;$$

$$\alpha_{a3} = 180^0 - 34^0\,50' = 145^0\,10';$$

$$C_{a3} = w_{a3} \frac{\sin \beta_e}{\sin \alpha_{a3}} = 336 \cdot \frac{0,5}{0,57} = 295.$$

Vierte Geschwindigkeitsstufe.

Wir erhalten in ähnlicher Weise

$$C_{e4} = (1 - \sigma)\, C_{a3} = 0,90 \cdot 295 = 265;$$

$$\sin(\beta_e - \alpha_{e4}) = u \frac{\sin \beta_e}{C_{e4}} = 50 \cdot \frac{0,5}{265} = 0,094;$$

$$\beta_e - \alpha_{e4} = 5^0\,25';$$

$$\alpha_{e4} = 30^0 - 5^0\,25' = 24^0\,35'.$$

$$w_{e4} = C_{e4} \frac{\sin \alpha_{e4}}{\sin \beta_e} = 265 \cdot \frac{0,413}{0,5} = 219.$$

$$w_{a4} = (1 - \sigma)\, w_{e4} = 0,90 \cdot 219 = 197.$$

$$E_4 = u\,(w_{e4} + w_{a4}) \cos \beta_e = 50\,(219 + 197)\,0,866 = 18013.$$

$$\tan \alpha_{a4} = \frac{w_{a4} \sin \beta_e}{u - w_{a4} \cos \beta_e} = \frac{197 \cdot 0,5}{50 - 197 \cdot 0,866} = -0,81;$$

$$\alpha_{a4} = 180^0 - 39^0 = 141^0;$$

$$C_{a4} = w_{a4} \frac{\sin \beta_e}{\sin \alpha_{a4}} = 197 \cdot \frac{0,5}{0,63} = 156.$$

Da man praktisch kaum eine fünfte Geschwindigkeitsstufe bilden kann und die Austrittsgeschwindigkeit C_{a4} der vierten Stufe ziemlich gering ist, so kann man den Dampf mit dieser Geschwindigkeit auspuffen lassen.

Die Gesamtarbeit pro Masseneinheit des Dampfstromes beträgt

$$\Sigma E = E_1 + E_2 + E_3 + E_4 = 65556 + 46374 + 30700 + 18013 = 160643.$$

Zur Verifikation hat man nach (135)

$$\Sigma E = u \cos \beta_e \Sigma w = 50 \cdot 0{,}866 (797 + 717 + 564 + 507 + 373 + + 336 + 219 + 197) = 50 \cdot 0{,}866 \cdot 3710 = 160643 \text{ mkg},$$

also genau dasselbe Resultat.

Der pro Sek. erforderliche Dampf beträgt nach (137), indem wir $\varphi = 0{,}20$ annehmen,

$$G = \frac{75 g (1 + \varphi)}{\Sigma E} P = \frac{75 \cdot 9{,}81 (1 + 0{,}20)}{160643} \cdot 10 = 0{,}055 \text{ kg};$$

Der Dampfverbrauch pro effektive Pferdestunde beträgt nach (138)

$$D = \frac{60 \cdot 60 \cdot G}{P} = \frac{60 \cdot 60 \cdot 0{,}055}{10} = 19{,}8 \text{ kg};$$

diese Zahl entspricht den besten Versuchsergebnissen an Auspuffturbinen und Auspuffkolbendampfmaschinen, folglich sind unsere Annahmen betreffs σ und φ zutreffend.

Die Feuerungsenergie pro effektive Pferdestunde beträgt nach (139)

$$F = \lambda_0 + \frac{A C_a^2}{2g} + \frac{A \Sigma E}{g} = 606{,}5 + 0{,}305 \cdot 90 + \frac{156^2}{2 \cdot 9{,}81 \cdot 428} + + \frac{160643}{9{,}81 \cdot 428} = 634 + 2{,}8 + 38{,}2 = 675 \text{ Calorien.}$$

Daher beträgt die Steinkohlenmenge pro effektive Pferdestunde nach (140)

$$S = \frac{D F}{5817} = \frac{19{,}8 \cdot 675}{5817} = 2{,}3 \text{ kg}.$$

Der absolute Wirkungsgrad der Umwandlung der Feuerungsenergie in Betriebsenergie ist nach (141)

$$\eta = \frac{0{,}082}{S} = \frac{0{,}082}{2{,}3} = 0{,}035 = 3{,}5\,\%.$$

Trotz dieses geringen Wirkungsgrades sind noch immer Auspuff-Dampfmotoren für kleine Leistungen vorteilhaft.

Als Grundlagen zur Berechnung der Kanalquerschnitte haben wir das pro Sek. durchfliessende Dampfgewicht

$$G = 0{,}055 \text{ kg}$$

und das spezifische Dampfvolumen

$$v_0 = 1{,}716 \text{ cbm/kg.}$$

Für die Austrittsöffnung des ersten Leitkanals erhalten wir

$$q = \frac{G\,v_0}{C_{e1}} = \frac{0{,}055 \cdot 1{,}716}{842} = \frac{0{,}0944}{842} \text{ qm} = \frac{944}{842} \text{ qcm} = 1{,}12 \text{ qcm.}$$

Erster Triebkanal: Eintritt $q = \frac{G\,v_0}{w_{e1}} = \frac{944}{797}$ qcm $= 1{,}19$ qcm;

Austritt $q = \frac{G\,v_0}{w_{a1}} = \frac{944}{717}$ qcm $= 1{,}32$ qcm.

Zweiter Leitkanal: Eintritt $q = \frac{G\,v_0}{C_{a1}} = \frac{944}{674}$ qcm $= 1{,}40$ qcm;

Austritt $q = \frac{G\,v_0}{C_{e2}} = \frac{944}{607}$ qcm $= 1{,}55$ qcm.

Zweiter Triebkanal: Eintritt $q = \frac{G\,v_0}{w_{e2}} = \frac{944}{564}$ qcm $= 1{,}67$ qcm;

Austritt $q = \frac{G\,v_0}{w_{a2}} = \frac{944}{507}$ qcm $= 1{,}80$ qcm.

Dritter Leitkanal: Eintritt $q = \frac{G\,v_0}{C_{a2}} = \frac{944}{464}$ qcm $= 2{,}04$ qcm;

Austritt $q = \frac{G\,v_0}{C_{e3}} = \frac{944}{418}$ qcm $= 2{,}26$ qcm.

Dritter Triebkanal: Eintritt $q = \frac{G\,v_0}{w_{e3}} = \frac{944}{373}$ qcm $= 2{,}53$ qcm;

Austritt $q = \frac{G\,v_0}{w_{a3}} = \frac{944}{336}$ qcm $= 2{,}80$ qcm.

Vierter Leitkanal: Eintritt $q = \frac{G\,v_0}{C_{a3}} = \frac{944}{295}$ qcm $= 3{,}20$ qcm;

Austritt $q = \frac{G\,v_0}{C_{e4}} = \frac{944}{265}$ qcm $= 3{,}56$ qcm.

Vierter Triebkanal: Eintritt $q = \frac{G\,v_0}{w_{e4}} = \frac{944}{219}$ qcm $= 4{,}31$ qcm;

Austritt $q = \frac{G\,v_0}{w_{a4}} = \frac{944}{197}$ qcm $= 4{,}80$ qcm.

Fünfter Leitkanal: Eintritt $q = \frac{G\,v_0}{C_{a4}} = \frac{944}{156}$ qcm $= 6{,}05$ qcm.

Sowohl diese ausgerechneten Querschnitte als auch die vorher ermittelten Ein- und Austrittswinkel sind nur als Grundlagen für abgerundete Dimensionierung zu benutzen.

Im Doppelleiter-Diagramm (Fig. 18) sind die Geschwindigkeiten nach dem Massstab 10 m/s = 1 mm unter Berücksichtigung des Geschwindigkeitsverlustes $\sigma = 0{,}10$ eingezeichnet.

Da die Arbeit einer Geschwindigkeitsstufe durch die Formel

$$E = u\,(w_e + w_a)\cos\beta_e = u\,w_e\cos\beta_e + u\,w_a\cos\beta_e$$

ausgedrückt ist, so stellen je zwei der oberen Rechtecke zusammen die Arbeit in einer Geschwindigkeitsstufe dar.

Die Ein- und Austrittswinkel der Geschwindigkeiten können auch direkt dem Diagramm entnommen werden.

Auch die Kanalquerschnitte können graphisch leicht bestimmt werden, wie der untere Teil des Diagrammes zeigt. Man hat nämlich

$$q = \frac{G\,v_0}{x},$$

wo x die betreffende Durchflussgeschwindigkeit ist. Setzt man $\frac{1}{q} = y$, so erhält man

$$y = \frac{x}{G\,v_0},$$

also y proportional x, da $G v_0$ hier eine Konstante ist; mit $x = 0$ und $x = C_{e_1}$ erhält man die Proportions-Linie.

So können die meisten Daten für Konstruktion dem Diagramm entnommen werden.

Für den Triebraddurchmesser d haben wir die Beziehung

$$d = \frac{60\,u}{\pi\,n}\ met,$$

wo u die Umfangsgeschwindigkeit in m/s und n die Tourenzahl pro Minute ist. Nun ist $u = 50$, und setzt man $n = 3000$, so erhält man

$$d = \frac{60 \cdot 50}{\pi \cdot 3000} = 0{,}318\ \text{m}.$$

Zahlenbeispiel 2. Berechnung einer zehnpferdigen nur Spannstufen besitzenden Auspuffdampfturbine bei einer Admissionsspannung von 10 kg pro qcm und einer Umfangsgeschwindigkeit von 50 m/s.

Lösung.

Es ist gegeben:

$$P = 10;\ p_1 = 100000\ \text{kg/qm};\ p_0 = 10000\ \text{kg/qm};\ u = 50\ \text{m/s}.$$

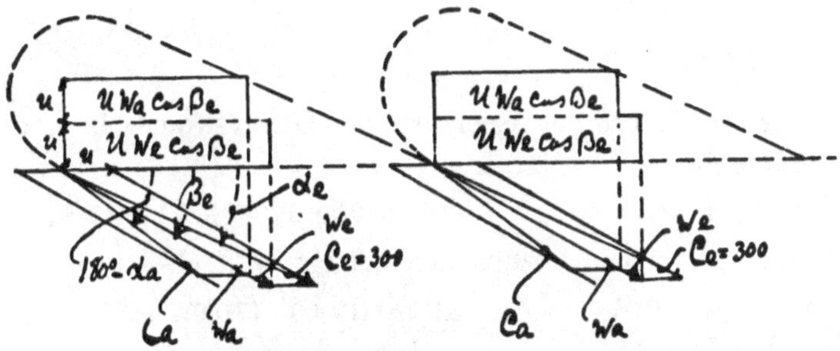

Fig. 19.

Wir setzen wieder voraus, dass der Dampfstrom durch entsprechende Wärmezufuhr durchwegs trocken gesättigt bleibt. Folglich haben wir

$$\nu_1 = 0{,}1966 \text{ und } \nu_0 = 1{,}716.$$

Wir wählen wieder für die Triebkanalneigung (Fig 19) am Ein- und Austritt gegen die Umfangsgeschwindigkeit

$$\beta_e = 30^0 \text{ bezw. } \beta_a = 180^0 - \beta_e = 180^0 - 30^0 = 150^0.$$

Wir nehmen wieder für σ den Wert 0,10 an und wählen für jeden Triebkanal eine absolute Eintrittsgeschwindigkeit

$$C_e = 300 \text{ m/s}.$$

Nach (143) erhalten wir den Neigungswinkel α_e der absoluten Eintrittsgeschwindigkeit C_e und die Grösse der relativen Eintrittsgeschwindigkeit w_e in jedem Triebkanal

$$\sin(\beta_e - \alpha_e) = \frac{u \sin \beta_e}{C_e} = \frac{50 \cdot 0{,}5}{300} = 0{,}0833;$$

$$\beta_e - \alpha_e = 4^0\,50';$$

$$\alpha_e = 30^0 - 4^0\,50' = 25^0\,10'.$$

$$w_e = C_e \frac{\sin \alpha_e}{\sin \beta_e} = \frac{300 \cdot 0{,}425}{0{,}5} = 255.$$

Für die relative Austrittsgeschwindigkeit haben wir gemäss unserer Annahme

$$w_a = (1 - \sigma)\, w_e = 0{,}90 \cdot 255 = 230.$$

Die absolute Austrittsgeschwindigkeit C_a jedes Triebkanals ergibt sich nach Richtung und Grösse aus (144)

$$\tan \alpha_a = \frac{w_a \sin \beta_e}{u - w_a \cos \beta_e} = \frac{230 \cdot 0{,}5}{50 - 230 \cdot 0{,}866} = -0{,}772;$$

$$\alpha_a = 180^0 - 37^0\,40' = 142^0\,20'$$

$$C_a = \frac{w_a \sin \beta_e}{\sin \alpha_a} = \frac{230 \cdot 0{,}5}{0{,}611} = 188.$$

Die Arbeit pro Masseneinheit des Dampfstromes in jeder Spannstufe beträgt

$$E = (w_e + w_a)\, u \cos \beta_e = (255 + 230)\, 50 \cdot 0{,}866 = 21\,000 \text{ mkg}.$$

Die Anzahl der Spannstufen beträgt nach (148)

$$\xi = \frac{32 g (p_1 v_1 - p_0 v_0) - C_a^2}{(1 + 2\sigma) C_e^2 - C_a^2} = \frac{32 \cdot 9{,}81\,(19660 - 17160) - 188^2}{(1 + 2 \cdot 0{,}1)\, 300^2 - 188^2} = \sim 10.$$

Daher beträgt die Gesamtarbeit pro Masseneinheit des Dampfstromes in den ξ Spannstufen

$$\Sigma E = \xi E = \xi (w_e + w_a)\, u \cos \beta_e = 10 \cdot 21000 = 210000 \text{ mkg}.$$

Das pro Sek. erforderliche Dampfgewicht beträgt daher nach (150), indem man $\varphi = 0{,}2$ annimmt,

$$G = \frac{75 g (1 + \varphi) P}{\Sigma E} = \frac{75 \cdot 9{,}81 \cdot 1{,}2 \cdot 10}{210000} = 0{,}042 \text{ kg}.$$

Der Dampfverbrauch pro effektive Pferdestunde ist daher

$$D = \frac{60 \cdot 60 \cdot G}{P} = \frac{3600 \cdot 0{,}042}{10} = 15{,}1 \text{ kg};$$

also günstiger, als bei der nur Geschwindigkeitsstufen besitzenden Dampfturbine.

Die Feuerungsenergie pro effektive Pferdstunde beträgt, wie im vorigen Problem, nach (139)

$$F = \lambda_0 + \frac{A C_a^2}{2g} = \frac{A \Sigma E}{g} = 606{,}5 + 0{,}305 \cdot 90 + \frac{188^2}{2 \cdot 9{,}81 \cdot 428} + \\ + \frac{210000}{9{,}81 \cdot 428} = 634 + 4{,}2 + 50 = \sim 688 \text{ Calorien}.$$

Somit beträgt die pro effektive Pferdestunde erforderliche Steinkohlenmenge nach (140)

$$S = \frac{D F}{5817} = \frac{15{,}1 \cdot 688}{5817} = 1{,}8 \text{ kg}.$$

Der absolute Wirkungsgrad der Umwandlung der Feuerenergie in Betriebsenergie ist folglich nach (141)

$$\eta = \frac{0{,}082}{S} = \frac{0{,}082}{1{,}8} = 0{,}045 = 4{,}5\,\%.$$

Die Überlegenheit dieser Dampfturbine der vorigen gegenüber hat ihre Ursache in der Niedrigkeit der Geschwindigkeitsverluste σ infolge der mässigen Höhe der Stromgeschwindigkeit; dagegen könnte hier, eventuell durch Spaltverluste, φ grösser als 0,2 werden, welchem Umstande durch gute Abdichtung vorzubeugen ist.

Zu Querschnittsberechnungen müssen wir vorerst noch das spezifische Dampfvolumen von Spannstufe zu Spannstufe bestimmen.

Wir haben nach (147) für die $n$te Spannstufe

$$p_{n+1} \cdot v_{n+1} = \left(p_1 v_1 - \frac{C_a^2}{32g}\right) - n \frac{(1+2\sigma) C_e^2 - C_a^2}{32g}.$$

Für die erste Spannnstufe erhalten wir hieraus mit $n = 1$

$$p_2 v_2 = \left(19660 - \frac{188^2}{32 \cdot 9{,}81}\right) - \frac{(1+0{,}2)\,300^2 - 188^2}{32 \cdot 9{,}81} = 19547 - 231 =$$
$$= 19316 \text{ mkg} = 45{,}1 \text{ Cal.};$$

daher $p_2 = 7{,}25$ kg/qcm und $v_2 = 0{,}2663$ cbm/kg.

Für die zweite Spannstufe erhalten wir mit $n = 2$

$$p_3 v_3 = \left(19660 - \frac{188^2}{32 \cdot 9{,}81}\right) - 2\,\frac{(1+0{,}2)\,300^2 - 188^2}{32 \cdot 9{,}81} = 19547 -$$
$$- 2 \cdot 231 = 19085 \text{ mkg} = 44{,}6 \text{ Cal.};$$

daher $p_3 = 5{,}9$ kg/qcm und $v_3 = 0{,}3234$ cbm/kg.

Für die dritte Spannstufe erhalten wir mit $n = 3$

$$p_4 v_4 = 19547 - 3 \cdot 231 = 18854 \text{ mkg} = 44{,}05 \text{ Cal.};$$

daher $p_4 = 4{,}8$ kg/qcm und $v_4 = 0{,}3928$.

Ähnlich erhalten wir

für die 4. Spannstufe $p_5 = 3{,}9$ kg/qcm und $v_5 = 0{,}4776$ cbm/kg;
" " 5. " $p_6 = 3{,}1$ " " $v_6 = 0{,}5927$ "
" " 6. " $p_7 = 2{,}5$ " " $v_7 = 0{,}7256$ "
" " 7. " $p_8 = 2{,}1$ " " $v_8 = 0{,}8549$ "
" " 8. " $p_9 = 1{,}7$ " " $v_9 = 1{,}1040$ "
" " 9. " $p_{10} = 1{,}3$ " " $v_{10} = 1{,}3420$ "
für die 10. Spannstufe $p_{11} = \sim p_0 = 1{,}2$ kg/qcm nnd $v_{11} = \sim v_0 = 1{,}4469$ cbm/kg.

Wir wollen hier noch die Querschnittsberechnung kurz andeuten.

Erster Leitkanal: Austritt $q = \frac{G\,v_2}{C_e} = \frac{0{,}042 \cdot 0{,}2663}{300}$ qm $= \frac{112}{300}$ qcm $= 0{,}37$ qcm.

Erster Triebkanal: Eintritt $q = \frac{G v_2}{w_e} = \frac{0{,}042 \cdot 0{,}2663}{255}$ qm =

$= \frac{112}{255}$ qcm = 0,44 qcm;

Austritt $q = \frac{G v_2}{w_a} = \frac{112}{230}$ qcm = 0,48 qcm;

Zweiter Leitkanal: Eintritt $q = \frac{G v_2}{C_a} = \frac{112}{188}$ qcm = 0,59 qcm;

Austritt $q = \frac{G v_3}{C_e} = \frac{0{,}042 \cdot 0{,}3234}{300}$ qm =

$= \frac{136}{300}$ qcm = 0,45 qcm

und so weiter. Hierbei ist zu bemerken, dass wegen der Wiederkehr derselben Geschwindigkeiten die entsprechenden Querschnitte in den Spannstufen im Verhältnis zum spezifischen Volumen grösser sind.

Der Triebraddurchmesser ergibt sich wie im vorigen Zahlenbeispiel.

Das Diagramm (Fig. 19) stellt die zwei ersten Spannstufen im Massstabe 10 m/s = 1 mm dar und ist ohne Weiteres klar.

Zahlenbeispiel 3. Berechnung einer zehnpferdigen Auspuffdampfturbine mit drei Spannstufen, von denen jede eine noch zu ermittelnde Zahl ζ von Geschwindigkeitsstufen enthalten soll; die Admissionsspannung sei $p_1 = 10$ kg/qcm gegeben und die Umfangsgeschwindigkeit $u = 50$ m/s angenommen.

Lösung.

Wir haben wieder

$$P = 10;\ p_1 = 100000 \text{ kg/qm};\ p_0 = 10000 \text{ kg/qm};\ u = \text{m/s},$$

ferner unter Voraussetzung eines trocken gesättigten Zustandes des Dampfstromes durch entsprechende Wärmezufuhr $v_1 = 0{,}1966$ und $v_0 = 1{,}716$ cbm/kg.

Die pro Masseneinheit des Dampfes disponible Spannungsenergie beträgt nach (152)

$$\frac{C_0^2}{2} = 16 g\,(p_1 v_1 - p_0 v_0) = 16 \cdot 9{,}81\,(100000 \cdot 0{,}1966 - 10000 \cdot 1{,}7162) =$$
$$= 392500 \text{ mkg}.$$

Die dazu gehörige Geschwindigkeit ohne Rücksicht auf die Reibungswiderstände beträgt

$$C_0 = \sqrt{2 \cdot 392500} = 886 \text{ m/s}.$$

Für die Verteilung der disponiblen Spannungsenergie in drei Spannstufen haben wir aus (153) mit $\xi = 3$

$$C_e = \frac{C_0}{\sqrt{3}} \sqrt{1 + (3-1)\frac{C_a^2}{C_0^2}}.$$

Wir nehmen

$$\frac{C_a^2}{C_0^2} = \sim 0{,}01$$

an, woraus

$$C_a = \sim C_0 \sqrt{0{,}01} = \sim 0{,}1 \cdot 886 = \sim 89 \text{ m/s}.$$

Für die Eintrittsgeschwindigkeit C_e jeder Spannstufe erhalten wir ohne Rücksicht auf die Reibungswiderstände

$$C_e = \frac{C_0}{\sqrt{3}} \sqrt{1 + 2 \cdot 0{,}01} = 886 \sqrt{\frac{1{,}02}{3}} = 517 \text{ m/s}.$$

Die effektive Eintrittsgeschwindigkeit jeder Spannstufe beträgt daher mit $\sigma = 0{,}10$

$$C_{e1} = \left(1 - \frac{\sigma}{2}\right) C_e = \left(1 - \frac{0{,}1}{2}\right) \cdot 517 = 491 \text{ m/s}.$$

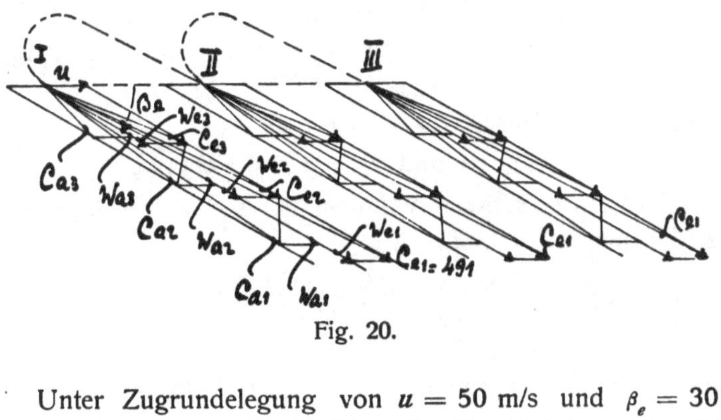

Fig. 20.

Unter Zugrundelegung von $u = 50$ m/s und $\beta_e = 30^\circ$ führen wir nun graphisch (Fig. 20) die Abstufung der Geschwindigkeit C_{e1} mittels des Doppelleiterdiagrammes aus, bis die absolute Austrittsgeschwindigkeit ungefähr $C_a = 89$ m/s beträgt. Wir erhalten drei Geschwindigkeitsstufen in jeder der drei Spannstufen und zwar mit einer absoltuten Austrittsgeschwindigkeit $C_a = 90$.

Indem wir die Werte von w_{e1}, w_{a1} etc. dem Diagramm entnehmen, erhalten wir für die Gesamtarbeit nach (154)

$$\Sigma E = \xi u \cos \beta_e \Sigma w = 3 \cdot 50 \cdot 0{,}866\,(445 + 400 + 280 + 250 + 150 + \\ + 135) = 215800 \text{ mkg}$$

pro Masseneinheit des Dampfstromes.

Daher beträgt das pro Sek. erforderliche Dampfgewicht nach (155)

$$G = \frac{75 g (1 + \varphi) P}{\Sigma E} = \frac{75 \cdot 9{,}81 \cdot (1 + 0{,}2) \cdot 10}{215800} = 0{,}041 \text{ kg.}$$

Der Dampfverbrauch pro Pferdestunde ist somit

$$D = \frac{60 \cdot 60 \cdot G}{P} = \frac{60 \cdot 60 \cdot 0{,}041}{10} = 14{,}76 \text{ kg,}$$

also am günstigsten.

Für die Steinkohlenmenge pro Pferdestunde erhalten wir nach (139) und (140)

$$S = \frac{D}{5817}\left(\lambda_0 + \frac{A\,C_a^2}{2g} + \frac{A\,\Sigma E}{g}\right) = \frac{14{,}76}{5817}\Big(606{,}5 + 0{,}305 \cdot 90 + \\ \frac{90^2}{2 \cdot 9{,}81 \cdot 428} + \frac{215800}{9{,}81 \cdot 428}\Big) = \frac{14{,}76}{5817}(634 + 1{,}0 + 51{,}5) = 1{,}74 \text{ kg.}$$

Für das spezifische Volumen v_2 in der ersten Spannstufe haben wir nach (156) mit $n = 1$

$$p_2 v_2 = \left(p_1 v_1 - \frac{C_a^2}{32 g}\right) - \frac{C_e^2 - C_a^2}{32 g} = \left(19660 - \frac{90^2}{32 \cdot 9{,}81}\right) - \frac{517^2 - 90^2}{32 \cdot 9{,}81} = \\ = 19634 - 825 = 18809 \text{ mkg} = 43{,}95 \text{ Cal.;}$$

daher $p_2 = 4{,}6$ kg/qm und $v_2 = 0{,}4078$ cbm/kg.

Für das spezifische Volumen in der zweiten Spannstufe haben wir mit $n = 2$

$$p_3 v_3 = \left(p_1 v_1 - \frac{C_a^2}{32 g}\right) - 2\,\frac{C_e^2 - C_a^2}{32 g} = 19634 - 2 \cdot 825 = \\ = 17984 \text{ mkg} = 42{,}02 \text{ Cal.;}$$

daher $p_3 = 2{,}2$ kg/qcm und $v_3 = 0{,}8183$ cbm/kg.

Für die dritte Spannstufe ist $p_4 = p_0 = 1$ kg/qcm und $v_4 = v_0 = 1{,}7162$.

Unter Zugrundelegung der erhaltenen Werte der spezifischen Volumen und des Dampfgewichtes $G = 0{,}041$ kg pro Sek. können wir nun nach den Geschwindigkeitsgrössen des Doppelleiterdiagrammes die Kanalquerschnitte berechnen.

Anmerkung. Wir haben in den drei vorhergehenden Zahlenbeispielen absichtlich dieselben Verhältnisse gewählt, um die Anordnungen vergleichen und daraus Schlüsse ziehen zu können. Eine zehnpferdige Auspuffturbine haben wir genommen, weil sie als Einheit für eine zwanzig-, dreissig-, vierzig-, fünfzigpferdige Auspuffturbine dienen kann. Sollte man für grössere Auspuffturbinen σ und φ günstiger annehmen, so bleibt dennoch dieselbe Lösungsmethode bestehen.

Das Berechnungsverfahren für Kondensationsdampfturbinen ist im wesentlichen dasselbe; daher wollen wir die darauf bezüglichen folgenden Zahlenbeispiele nur in grossen Zügen behandeln.

Zahlenbeispiel 1. Es sei eine Kondensationsdampfturbine von 100 PS. zu berechnen und zwar nur mit Geschwindigkeitsstufen bei einer Admissionsspannng von 10 kg/qcm und bei einer Gegenspannung von 0,1 kg/qcm. Die Anzahl ζ der Geschwindigkeitssufen und die Umfangsgeschwindigkeit u seien passend zu wählen.

Lösung.

Nach (129) beträgt die Ausflussgeschwindigkeit des Dampfes

$$C_{e1} = \left(1 - \frac{\sigma}{2}\right)\sqrt{32g(p_1 v_1 - p_0 v_0)}.$$

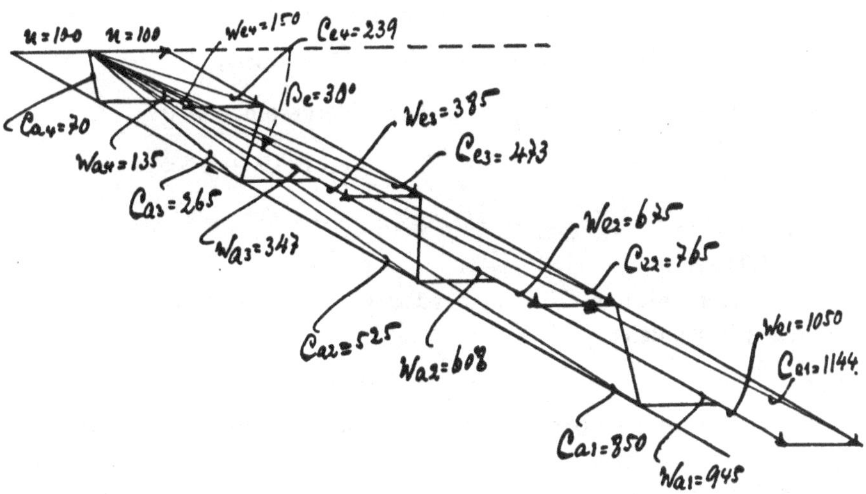

Fig. 21.

Es ist unter Voraussetzung eines trocken gesättigten Zustandes

$$p_1 = 100000;\ v_1'' = 0{,}1966;\ p_0 = 1000;\ v_0 = 15{,}0309.$$

Indem wir auch hier $\sigma = 0{,}10$ annehmen, erhalten wir

$$C_{e1} = (1 - 0{,}5)\sqrt{32 \cdot 9{,}81\,(19660 - 15031)} = 0{,}95 \cdot 1204 = 1144 \text{ m/s}.$$

Nun ist die Geschwindigkeit C_{e1} in mehrere Geschwindigkeitsstufen einzuteilen, wobei darauf zu achten ist, dass die Stufenzahl eine praktisch zulässige Grenze nicht überschreiten darf; ebenso muss die Abdampfgeschwindigkeit niedrig sein, da die Abdampfmasse bei grossen Dampfturbinen an und für sich beträchtlich ist.

Indem wir $u = 100$ m/s annehmen (Fig. 21), erhalten wir im Doppelleiterdiagramm vier Geschwindigkeitsstufen und eine Abdampfgeschwindigkeit $C_{a4} = 70$ m/s, welche gerade gut ist.

Nach den Diagramm-Ergebnissen erhalten wir für die Gesamtarbeit des Dampfstromes pro Masseneinheit

$$\Sigma E = u \cos \beta_e \Sigma w = 100 \cdot 0{,}866\,(1050 + 945 + 675 + 608 + 385 + 347 + 150 + 135) = 100 \cdot 0{,}866 \cdot 4395 = 380607 \text{ mkg}.$$

Nach (137) beträgt das Dampfgewicht pro Sek. in kg

$$G = \frac{75 g (1 + \varphi) P}{\Sigma E} = \frac{75 \cdot 9{,}81 \cdot 1{,}2 \cdot 100}{380607} = 0{,}232.$$

Daher beträgt die Dampfmenge pro effektive Pferdestunde

$$D = \frac{60 \cdot 60 \cdot G}{P} = \frac{60 \cdot 60 \cdot 0{,}232}{100} = 8{,}35 \text{ kg}.$$

Der Steinkohlenbedarf pro effektive Pferdestunde beträgt

$$S = \frac{D}{5817}\left(\lambda_0 + \frac{A\,C_a{}^2}{2g} + \frac{A\,\Sigma E}{g}\right) = \frac{8{,}35}{5817}\left(606{,}5 + 0{,}305 \cdot 35 + \frac{70^2}{2 \cdot 9{,}81 \cdot 428} + \frac{380607}{9{,}81 \cdot 428}\right) = \frac{8{,}35}{5817}(617{,}2 + 0{,}6 + 92{,}7) = \frac{8{,}35 \cdot 710{,}5}{5817} = 1{,}02 \text{ kg}.$$

Der absolute Wirkungsgrad der Umwandlung der Feuerenergie ist daher

$$\eta = \frac{0{,}082}{S} = \frac{0{,}082}{1{,}02} = 0{,}080 = 8{,}0\,\%.$$

Zahlenbeispiel 2. Es sei eine nur Spannstufen besitzende Kondensationsdampfturbine von 100 PS. zu berechnen und zwar bei einer Admissionsspannung = 10 kg/qcm und bei einer Gegenspannung von 0,1 kg/qcm. Die Umfangsgeschwindigkeit u und die Spannstufenzahl ξ seien passend zu wählen.

Lösung.

Je geringer die Umfangsgeschwindigkeit, um so grösser die Spannstufenzahl, welche zwar an keine Grenze gebunden ist, jedoch entsprechend die Turbine verteuert. Andererseits kann die Spannstufenzahl durch die Wahl einer grossen Eintrittsgeschwindigkeit C_e verringert werden, was aber entsprechend grosse Widerstandsverluste zur Folge hat.

Um die Ergebnisse mit denen der vorhergehenden Turbine vergleichen zu können, nehmen wir hier auch $u = 100$ m/s und wieder $C_e = 300$ m/s; unter Zugrundelegung von $\beta_e = 30^0$, bestimmen wir graphisch die übrigen Geschwindigkeiten einer Stufe (Fig. 22).

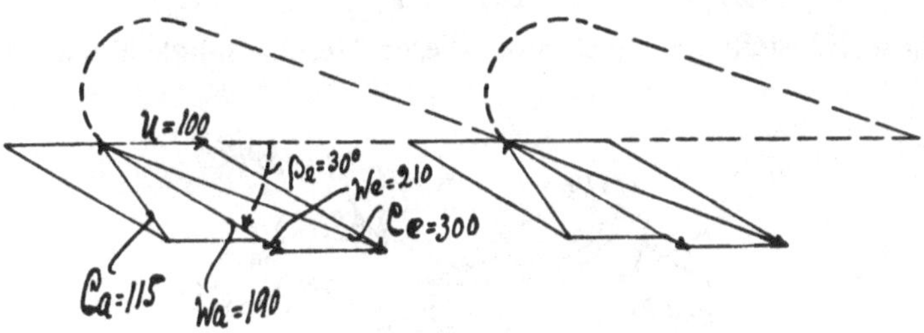

Fig. 22.

Die Anzahl ξ der Spannstufen beträgt nach (148)

$$\xi = \frac{32 g (p_1 v_1 - p_0 v_0) - C_a^2}{(1 + 2\sigma) C_e^2 - C_a^2} = \frac{32 \cdot 9{,}81 \cdot (19660 - 15031) - 115^2}{(1 + 0{,}2)\, 300^2 - 115^2} = \sim 15.$$

Die Gesamtarbeit des Dampfstromes pro Masseneinheit ist nach (149)

$$\Sigma E = \xi (w_e + w_a)\, u \cos \beta_e = 15 (210 + 190) 100 \cdot 0{,}866 = 519600 \text{ mkg}.$$

Das pro Sek. erforderliche Dampfgewicht beträgt in kg

$$G = \frac{75 g (1 + \varphi) P}{\Sigma E} = \frac{75 \cdot 9{,}81 \cdot 1{,}2 \cdot 100}{519600} = 0{,}17.$$

Die Dampfmenge pro Pferdestunde beträgt

$$D = \frac{60 \cdot 60 \cdot G}{P} = \frac{60 \cdot 60 \cdot 0{,}17}{100} = 6{,}12 \text{ kg}.$$

Der Steinkohlenbedarf pro Pferdestunde beträgt daher $S = 0{,}78$ kg mit $\eta = 0{,}105 = 10{,}5\,\%$.

Zahlenbeispiel 3. Es sei eine hundertpferdige Kondensationsdampfturbine bei einer Admissionsspannung von 10 kg/qcm und Gegenspannung von 0,1 kg/qcm zu berechnen. Die Turbine soll mehrere Spannstufen enthalten und jede von diesen mehrere Geschwindigkeitsstufen.

Lösung.

Zum Vergleich mit den vorhergehenden Anordnungen nehmen wir $u = 100$ an. Nach (152) beträgt die disponible Geschwindigkeit

$$C_0 = \sqrt{32 g (p_1 v_1 - p_0 v_0)} = \sqrt{32 \cdot 9{,}81\,(19660 - 15031)} = 1204.$$

Wir nehmen die Anzahl der Spannstufen $\xi = 6$ an und erhalten nach (153), indem wir $\left(\frac{C_a}{C_0}\right)^2 = \sim 0{,}05$ setzen,

$$C_{e1} = \left(1 - \frac{\sigma}{2}\right) C_e = \left(1 - \frac{0{,}10}{2}\right) \frac{C_0}{\sqrt{\xi}} \sqrt{1 + (\xi - 1)\left(\frac{C_a}{C_0}\right)^2} = 478.$$

Figur 23 stellt die Abstufung dieser Geschwindigkeit dar.

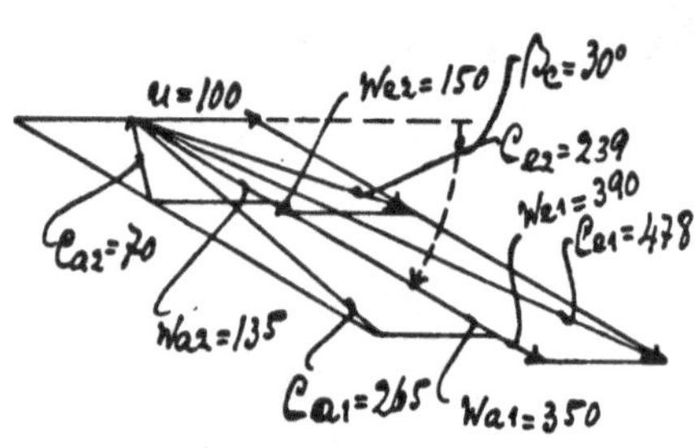

Fig. 23.

Wir erhalten:

Gesamtarbeit

$\Sigma E = \xi\, u \cos \beta_e\, \Sigma w = 6 \cdot 100 \cdot 0{,}866\,(390 + 350 + 150 + 135) =$
$= 533000$ mkg;

Dampf pro Sek.

$$G = \frac{75\, g (1 + \varphi) P}{\Sigma E} = \frac{75 \cdot 9{,}81 \cdot 1{,}2 \cdot 100}{533000} = 0{,}165 \text{ kg};$$

Dampf pro effektive Pferdestunde

$$D = \frac{60 \cdot 60 \cdot G}{P} = \frac{60 \cdot 60 \cdot 0{,}165}{100} = 5{,}94 \text{ kg};$$

daher Steinkohlenbedarf $S = 0{,}76$ kg und Wirkungsgrad $\eta = 0{,}108$.

Die Methode der Berechnung grösserer Kondensationsdampfturbinen ist im Wesentlichen dieselbe, wie in den aufgeführten Zahlenbeispielen, mit dem rein quantitativen Unterschiede, dass die Verhältnisse in Bezug auf Dampfverbrauch mit der Maschinengrösse entsprechend günstiger zu gestalten sind. So kann z. B. bei Kondensationsdampfturbinen von etwa 300 – 1000 PS und mehr die Gegenspannung möglichst gering, etwa = 0,05 kg/qcm gemacht werden, wodurch das verfügbare Arbeitsvermögen bedeutend vergrössert wird; andererseits kann man durch Annahme einer möglichst geringen mittleren Dampfgeschwindigkeit in den Leit- und Triebkanälen die Reibungsverluste des Dampfstromes verringern; im Übrigen ist es selbstverständlich, dass bei grösseren Dampfturbinen mit der Verminderung der Tourenzahl auch der Koefficient φ sich wesentlich reduziert, so dass bei denselben der Dampfverbrauch pro effektive Pferdestunde wesentlich geringer ausfällt, als bei den ausgerechneten 100pferdigen Kondensationsdampfturbinen.

Die gegebenen Zahlenbeispiele werden genügen, um die generelle Methode der Berechnung von Dampfturbinen speziell zu veranschaulichen und zwar als Grundlage zur selbständigen Behandlung verschiedener praktischer Aufgaben.

Was die Konstruktion einer ausgerechneten Dampfturbine anbelangt, so ist darüber sehr wenig zu sagen, und das Wenige – ein Naturprinzip für Konstruktionen – möge dieses Werk abschliessen.

Das Konstruieren bedarf weder leitender Regeln, noch rezeptartiger Vorschriften. Nur sich nach dem gewollten Effekte richtend und seinem Konstruktionssinn fest vertrauend, kann der Ingenieur zu wirklich idealen Konstruktionen gelangen, in denen Idee und Gestalt ein organisches ganzes System bilden und zwar in Harmonie mit dem von Anfang an gesteckten Ziel.

Gedruckt bei
Rosenthal & Co.
Berlin SO.
Rungestrasse 20.